本书获厦门理工学院学术专著出版基金资助！

城市化过程与水资源可持续利用关系研究：以福建省为例

王吉苹　薛雄志　著

中国纺织出版社有限公司

内 容 提 要

水资源作为不可替代的自然资源，是推动城市化发展的重要因素。然而随着城市化进程不断加快，城市人口急剧增长，供水需求增大，不透水面积剧增，影响了整个水文循环。本书以福建省九个地级城市作为研究对象，探寻城市化水平与水资源利用（用水效益、用水结构、人均用水水平、用水总量）之间存在的线性与非线性关系；并基于“驱动力—压力—状态—响应”（DPSR）模型，构建了城市化与水资源环境的耦合指标体系，利用灰色关联度分析法计算城市化与水资源系统的耦合紧密度，识别了城市化与水资源系统相互影响的敏感性指标。对相关从业人员有一定的参考性。

图书在版编目（CIP）数据

城市化过程与水资源可持续利用关系研究：以福建省为例 / 王吉苹，薛雄志著. -- 北京：中国纺织出版社有限公司，2023.2

ISBN 978-7-5229-0080-3

Ⅰ.①城… Ⅱ.①王… ②薛… Ⅲ.①城市化－关系－水资源利用－可持续性发展－研究－福建 Ⅳ.①TV213.9

中国版本图书馆 CIP 数据核字（2022）第 217998 号

责任编辑：茹怡珊　　责任校对：高　涵　　责任印制：储志伟

中国纺织出版社有限公司出版发行

地址：北京市朝阳区百子湾东里 A407 号楼　邮政编码：100124

销售电话：010—67004422　传真：010—87155801

http://www.c-textilep.com

中国纺织出版社天猫旗舰店

官方微博 http://weibo.com/2119887771

北京虎彩文化传播有限公司印刷　各地新华书店经销

2023 年 2 月第 1 版第 1 次印刷

开本：710×1000　1/16　印张：13.25

字数：217 千字　定价：98.90 元

前言

水资源作为不可替代的自然资源，是推动城市化发展的重要因素。随着社会经济的发展，城市人口急剧增长，供水需求增大，不透水面积剧增，导致了河流水文要素发生变化，影响了整个水文循环。加之城市化进程的加快，增加了污染物排放量，加速了水环境的恶化。因此，城市化的加剧导致了水量型缺水和水质型缺水等水资源危机。水危机反过来又成为制约城市社会经济发展的一大“瓶颈”。研究水资源与城市化之间相互反馈的机制与关系，探讨快速城市化过程中水资源的可持续利用及二者安全协调发展的途径、政策和对策，对区域水资源与水环境管理具有重大的理论价值和实践意义。

本书以福建省九个地级城市作为研究对象，探寻城市化水平与水资源利用（用水效益、用水结构、人均用水水平、用水总量）之间存在的线性与非线性关系；基于“驱动力—压力—状态—响应”（DPSR）模型，构建了城市化与水资源环境的耦合指标体系，利用灰色关联度分析法计算城市化与水资源系统的耦合紧密度，识别了城市化与水资源系统相互影响的敏感性指标；通过熵技术支持下的层次分析法量化了水资源约束强度，验证了水资源约束力的存在，并分别判别了福建省各地区水资源与城市化所处耦合阶段；利用系统动力学，通过千年生态系统评估的四种情景预测了福建省未来30年过程中城市化发展水平、产业布局、人口增长与水资源利用的合理配置，最终通过多渠道供水保障、供水资源优化配置和流域综合管理三个方面的分析讨论与案例分析，为福建省城市化过程中水资源可持续利用提出了相应的意见和建议。主要研究成果如下。

（1）福建省快速的城市化过程中，水资源出现了匮乏迹象；城市化水平与用水效益呈线性增长关系，且城市化水平越高的城市，其用水效益越高；人均用水量和用水总量与城市化水平之间表现出一定的相关性，福州市、莆田市、泉州市与南平市呈较强正相关。

（2）利用灰色关联度分析法识别了城市化对水资源的主要影响因素，大部分来自经济结构、生活质量、基础设施等状态层次，说明社会城市化与经济城市化在城市化发展中占主导地位。水资源环境对城市化的主要影响因素大部分来自环境负荷和资源利用状态层次，说明水资源环境压力是提高水资源可持续利用潜力面临的主要问题。计算了福建省2001—2019年城市化与水资源环境的时间与空间耦合度，从长时间序列上看，城市化与水资源二者的耦合度作用有减弱趋势。总体来看，耦合度呈现此消彼长的波动性变化趋势。在空间上，按各城市城市化综合发展与水资源可持续利用的耦合度排序为南平市（0.7992）＞漳州市（0.7455）＞三明市（0.6760）＞泉州市（0.6741）＞龙岩市（0.6557）＞莆田市（0.6403）＞厦门市（0.6356）＞福州市（0.6263）＞宁德市（0.6256）。表现为从北至南边缘城市高，中心城市低，内陆高于沿海，经济发展迟缓的城市高于经济发达城市的特点。

（3）福建省及各地市的水资源约束强度中等。从时间上看，各市的水资源约束强度呈现先上升后下降再上升再下降的波动变化趋势，总体呈下降趋势。从空间上看，各市的水资源对其城市化的约束强度均值都属于较强约束类型。从2019年数值来看，各城市分别属于较强约束和弱约束两种类型，水资源约束强度大小顺序为泉州市（0.3148）＞漳州市（0.3135）＞莆田市（0.2961）＞福州市（0.2845）＞宁德市（0.2677）＞龙岩市（0.2575）＞厦门市（0.2569）＞三明市（0.2030）＞南平市（0.1967）。对福建省各地区的水资源与城市化所处耦合阶段判定：厦门市属于高水平协调阶段，泉州市和福州市处于磨合阶段与高水平协调阶段之间，三明市、南平市和龙岩市处于磨合阶段与拮抗阶段之间，莆田市、漳州市和宁德市处于磨合阶段。总体来看，沿海城市的耦合阶段高于内陆城市，经济发达的城市高于经济落后的城市。

（4）利用系统动力学模型，在水资源红线约束下，对预测时间段内的城市化水平、水资源利用情况以及城市化与水资源二者关系所处阶段进行了预测和判断。水资源与城市化二者关系处于稳定阶段的城市为厦门市、福州市；处于中等加速阶段的城市为泉州市、莆田市、漳州市；处于较高加速阶段的城市为三明市、龙岩市、南平市、宁德市，且技术乐园情景是最佳城市发展情景。2035年，各城市的城市化水平均已达到城市化发展的高级阶段，人均GDP及三次产业结构达到了西方中等发达国家水平，城市化与水资源的耦合关系均已经达到了高水平协调阶段，符合环境库兹涅茨曲线发展规律。

（5）从多渠道供水保障、供水资源优化配置和流域综合管理三个方面分析讨论了城市化过程与水资源安全协调发展的途径及案例。供水资源优化配置主要从非工程措施的角度采用环境经济学的博弈论和线性规划模型（LP）构建流域城市群的合作（流域城市群的经济利益最大化）与非合作模型（流域单个城市的经济利益最大化），探讨得出技术乐园情景的合作模型才是流域内城市群发展的最佳模式，并提出鉴于水资源的特殊性，应更重视从流域的角度对水资源和生态资源及人类活动进行综合管理。

特别说明的是，厦门理工学院硕士生李巧玉参与了本书第 2、第 4 章的数据分析与补充作图，第 5 章的数据补充、分析与作图；韩雅玲参与了本书第 2～第 4 章的数据补充与作图，在此表示感谢！

王吉苹　薛雄志

2022 年 5 月

目 录

第1章　绪论

1.1　研究背景和意义

1.1.1　研究背景

城市化又称城镇化，是指随着工业化进程的推进和社会经济的发展，人类社会活动中农业活动的比重下降，非农业活动的比重上升的过程。与这种经济结构变动相适应，使乡村人口与城镇人口此消彼长，同时居民点的建设等物质条件和居民的生活方式向城镇型转化并稳定，这样的一个系统性进程被称为城市化进程（United Nations，2001）。

城市化是人类发展的必然趋势，也是实现工业化和摆脱贫困走上现代化道路的必然过程。城市化是21世纪最重要的发展趋势之一，其影响全球的经济发展、能源消耗、自然资源利用和人类福祉（Brown et al.，2009；Elmqvist et al.，2013；Fitzhugh and Richter，2004；Jenerette and Larsen，2006；Lederbogen et al.，2011；McDonald，2008；McDonald et al.，2011a，b，2013；Montgomery，2008）。截至2011年，全球有36亿人口居住在城市地区，未来几十年，将是人类历史上城市化增长最快的时期（UNPD，2011）。2050年，预计又有26亿人口涌入城市，且主要出现在发展中国家，而其中一半多的城市人口增长发生在中国和印度两个人口大国（Cohen，2006；UNPD，2011）。在发展中国家，城市化的转变随着历史形态的变化而呈现不同尺度和速率的变化（Seto et al.，2010）。

然而，城市化带来的不仅是城市的发展，更是一系列的问题，最为突出的是水资源问题。城市化的速率和量级是否能够提供足够的水源来支撑是21世纪生态环境和城市发展面临的最大的挑战之一（Lundqvist et al.，2003）。目前，用水量大而水资源利用率低，污水未经处理直接排放到江河湖海导致水体污染。日趋严重的水污染不仅降低了水体的使用功能，更进一步加剧了水资源短缺的矛盾，城市水问题日益突出（McDonald et al.，2011b；Padowski and Jawitz，2013）。一方面，对水资源的需求量越来越大，对水资源的质量要求越来越高；另一方面，由于城市化对水资源造成的负面影响，可用的水资源存在减少的趋势。加之城市群的增多，产生更多的不渗水路面，影响雨水等的下渗，进一步影响水文循环，导致更多的洪水灾害发生（McDonald et al.，2011，2014）。

第十二届全国人大常委会第三次会议上，国家发展和改革委员会提出新型城镇化的战略设想，指出未来不仅要注重提升城镇发展的质量，还要在现有基础上进一步提高城镇人口的有效占比。一方面，按照城市人口用水增长弹性大于1的相关研究结果（每增加1%的城市人口，用水的增加量要大于1%），可以确信，未来各类城市发展本身都将面临更加严峻的水资源约束和挑战，因此内部价格调整和外部争取水源将成为未来城市发展在用水上的主旋律。另一方面，城市用水规模的绝对增长将倒逼整个水资源环境系统的演化，包括挤压农业用水空间、地下水过度利用、水资源环境质量整体下滑、水体污染事件频发以及关联性的污染排放等（李志青，2013）。因此，城市化过程与水资源的量、质及合理布局和利用相互紧密联系，并相互制约。据统计，全球人口规模最大的20个城市中有13个处在沿海地区，其他7个也都不同程度地处在江河湖泊周边。城市发展除了高度依赖水资源环境，随着科技的进步，城市本身也将逐步成为提升水资源环境利用效率的重要手段。因此，在这样一个大背景下，研究城市化过程中水资源如何可持续利用问题显得十分迫切。

1.1.2 研究意义

我国是一个水资源相对短缺的国家，虽然总量较大，但人口众多，人均水资源占有量不到2400 m^3，不足世界人均占有量的1/4，被列为13个贫水国之一。扣除难以利用的洪水泾流和散布在偏远地区的地下水资源后，我国现实可利用的淡水资源量则更少，并且其分布极不均衡（宋全香等，2004）。到20世纪末，全国600多个城市中，已有400多个城市存在供水不足问题。针对城市化产生的一系列水资源问题，研究城市化进程与水资源的相互关系，正确识别水资源与城市化二者相互影响的敏感因子，了解城市化与水资源系统所处的耦合阶段，识别水资源约束力，系统预测区域未来城市化综合发展与水资源利用情况，找出在城市化健康发展下水资源如何可持续利用的解决方法，是 21 世纪人口、经济与环境可持续发展的重要课题，也对减少城市化对水资源的负面影响，加速城市化进程具有深远的理论意义和现实意义。

1.2 城市化综合发展概况

1.2.1 我国城市化概况

诺贝尔经济学奖获得者、美国哥伦比亚大学教授约瑟夫·斯蒂格利茨在世纪之交曾说，影响 21 世纪人类进程最深刻的两件事将是新技术革命和中国城市化。由此可见，中国的城市化格局变化将带给全世界广泛的影响。

改革开放以来，我国城市化经历了一个起点低、速度快的发展过程，取得了举世瞩目的成就。据统计，1978—2019 年，我国城市人口从 1.7 亿人增加到 8.5 亿人，城市化率由 17.9%增长到 60.6%，城市数量由 193 个增加到 684 个。京津冀、长三角、珠三角三大城市群，以 2.8%的国土面积集聚了 18%的人口，创造了 36%的国内生产总值，成为带动我国经济快速增长和参与国际经济合作与竞争的主要平台。与此同时，优先支持工业化的体制格局并没有发生根本性变化，城市化滞后于工业化一直存在于经济发展过程中。到 2017 年，用 GDP 水平衡量，我国经济发展已经处于中上等收入国家水平，但用城市化率衡量，我国城镇人口占全社会人口比重只有 58.52%，还处于中等收入国家水平，很显然，我国的城市化已经明显滞后于工业化（杨爽，2021）。

此外，我国传统粗放的城市化模式也带来了一些环境问题，制约了经济社会的可持续发展。目前，传统的大气煤烟型污染尚未得到解决，$PM_{2.5}$、臭氧等新型污染问题又接踵而来；城市水量型缺水问题依然存在，水质型缺水问题又进一步凸显；传统污染防治问题尚未得到彻底解决，民众对优质生态产品的需求与对环境健康的关注迅速上升，环境质量改善与市民预期尚有一定差距（张军等，2007）。

在这样的背景下，基于国情，我国提出了强调以人为本、注重生态文明的新型城镇化道路。其中，水资源可持续利用与供水安全是新型城镇化建设的重要目标之一。

1.2.2 福建省城市化概况

目前，福建省的城市化进程呈现以下三个特点。

（1）城镇人口迅速增长，城市化率稳步提升

纵观福建省城乡人口规模发展历程（表 1-1），中华人民共和国成立至改革开放期间，福建城市化建设发展缓慢，城镇人口低速攀升，城市化率略有回落；改革开放后，城市化进程快速推进。1978—2019 年，城镇经济的繁荣发展吸纳了大量的农村转移劳动力，城镇常住人口从 336 万人增加到 2642 万人，城市化率从 13.7% 提高到 66.5%，高于全国平均水平 6 个百分点，年均提高 0.7 个百分点。

表 1-1 福建省城乡人口规模发展历程

年份	总人口（万人）	城镇人口（万人）	乡村人口（万人）	城市化水平（%）
1950 年	1188	182	1006	13.9
1978 年	2453	336	2117	13.7
1997 年	3282	1070	2212	32.6
2000 年	3410	1432	1978	42.0
2013 年	3774	2293	1481	60.8
2019 年	3973	2642	1331	66.5

资料来源：福建省统计年鉴数据。

（2）城镇数量不断增加

1978—2019 年，城市从 6 个增加到 23 个，建制镇数量由 62 个增加到 612 个，沿海城镇带以全省 44.4% 的土地面积集聚了 79.4% 的人口，成为拉动经济快速增长和集聚人口的主要区域（杨雪星，2014）。

（3）基础设施、公共事业、人民居住环境得到改善

福建省坚持以人为本，启动生态省份和新型城市化试点建设，加大基础设施、公用事业、人居环境的建设投入（表 1-2）。从表 1-2 中可以看出，

福建省对基础设施、公共事业投入大量资金，城镇水、电、气、路、通信等基础设施水平显著改善；人均居住、公园绿地面积大幅增加，教育、医疗、文化体育、社会保障等公共服务水平明显提升，城市管理水平进一步提高。在人民生活基础设施完善的同时，居住环境质量得到提高。

表 1-2 福建省城市基础设施和服务设施变化情况

指标	2008 年	2012 年
城市基础设施投资额（亿元）	285.23	510.90
城市用水普及率（%）	97.5	99.1
城市燃气普及率（%）	97.2	98.6
人均道路城市面积（m^2）	12.05	14.13
人均公园绿地面积（m^2）	10.42	12.1
生活垃圾无害化处理率（%）	88	96.4
建成区绿化覆盖率（%）	38.86	42
城市污水处理率（%）	72.7	85.6
普通中学（所）	1963	1783
卫生机构床位数（张）	95000	139172

资料来源：福建省统计年鉴数据。

在城市化快速发展的同时，质量不高的问题日益突出。大量农业转移人口难以融入城市社会，市民化进程滞后。城镇格局存在“小、散、弱”的现象，大中小城市和小城镇协同发展水平较低，城市化空间布局不合理。市政设施有待完善，公共服务供给能力不足，管理服务能力亟待提高。因此，展望未来，城市化转型发展的要求更加迫切。福建城市化进程的外部条件和内在动力已发生重大变化，福建省人均耕地少，农业劳动生产率低，城乡山海差距较大，城市化仍将处于持续较快发展阶段；以人为本和质量提升成为新型城市化的核心任务，自然资源和生态环境问题的约束日益增强，尤其是水资源生态环境对城市化的约束值得关注。

1.3 城市化带来的水资源问题

1949 年，中国城市用水量仅为 6.3×10^8 m³，到 2019 年，城市用水量达到 628.3×10^8 m³，70 年来增加了 25 倍多，比世界平均速度快 1 倍还多（吴季松，2002）。目前，我国水资源开发利用存在的主要问题可以形象地表示为"水多、水少、水脏和水浑"。随着人口的增加和国民经济的快速发展，水环境问题层出不穷，同时出现许多新情况，导致 21 世纪中国水资源问题更加严峻（姜文来，2001；修红玲，2020）。

福建省多年平均降雨量 1667 mm，全省水资源总量 1180 亿 m³。人均水资源量 3200 m³，约为全国的 1.4 倍（邱永杨，2011）。一方面，福建省天然降水量时空分布和水资源空间分布极不均匀，河川坡陡、流急，汛期洪水径流难以利用，大量水资源奔腾入海，天然径流可利用率不高。另一方面，福建省降雨比较丰沛的地区面临严重的水污染问题，水质达不到供水要求，如三明市、南平市等；其降雨相对较少的区域面临严重的供水问题，水资源总量无法满足需求量，如平潭县、东山县等。综上所述，目前我国及福建省水资源状况存在以下六个问题。

1.3.1 城市水资源短缺

我国的水资源总量较大，但因分布不均，人均占有量极少。可供水量越来越少，但需水量越来越大。正常年份我国城市缺水 60 多亿 m³，而且城市缺水问题还有进一步加剧的趋势。

福建省水资源丰富，但分布不均，加上水利建设落后于经济发展需要，管理体制混乱，且水环境破坏，水质污染日益严重，达不到供水要求。目前，福建省面临严重的水资源缺乏问题，水环境状况堪忧。

1.3.2 城市用水量增加

由于城市化的快速发展和城市规模的不断扩大，城市人口增加，有些城市任意扩大建设规模，配置产业不够合理。计划失控必然引起供需紧张，使缺水问题日益严重（刘善建，2000）。有专家预测，到 2050 年，我国人口达到 16 亿人时，城市人口的比例会上升到 60%。在这一过程中，如果工业要保持 6% ～ 7% 的平均增长速度，即使万元产值耗水量从现在的

100 ～ 200m³ 降到 20m³ 左右，工业耗水量也将增长 2 ～ 3 倍。城市居民生活和工业生产对水的需求量都将成倍增加。

由福建省水资源公报统计数据可知，随着城市化进程的加快，农村生活用水量和农田灌溉用水量比例越来越小，工业用水量和城镇生活用水量越来越多，城市用水正在慢慢挤占农业用水空间。

1.3.3 水资源利用率低

我国人口基数大，水资源耗量较多，由于水资源利用率较低且损耗的水量也比较可观，如我国农业用水总量大、比重高，农田灌溉水有效利用系数低于世界先进水平，单位用水的粮食产量每立方米不足 1.2 千克，而世界先进水平为每立方米 2 千克左右，因而农业粗放的用水方式间接加剧了全社会的水资源紧张；我国工业用水的重复利用率较低，约为 60%，发达国家工业用水的重复利用率则为 85%；我国多数城市用水器具和自来水管网的浪费损失率约为 20%，节水器具普及率较低，非常规水资源利用还处于初级阶段。用水的浪费和低效率加剧了水资源的供需矛盾。福建省同样面临上述问题，城市化整体水平较高，但是各市水平均有差异，再加上福建省山区较多，其产业结构处于第一产业向第二、第三产业转型阶段，很多城市的支柱产业仍为农业，灌溉用水量耗费较大，其水资源利用率不高。

1.3.4 供水设施能力尚显不足

由于城市化进程加快，供水能力增加速度低于城市用水人口的增长速度,20 世纪末，全国 600 多个城市中，已有 400 多个城市存在供水不足问题。其中，有 100 多个城市属于严重缺水，缺水现象在大城市和特大城市最为明显。目前，供水基础设施已有明显改善，但在一些小城市和偏远农村地区，供水设施还有待完善。

1.3.5 水污染严重

城市用水量增加的结果是，城市生活污水和工业废水的排放量也迅速增加，其中含有大量的污染物，如果不加以妥善处理，就会导致水体污染严重、生态环境恶化（陶林，2009）。特别是工业废水中含有大量的生产废料、残渣等，若处理不当排入城市的河流，则造成严重的水体污染。另外，工业废气随意排放，导致酸雨产生，进一步污染水体，导致水质恶化，使城市水体失去对人类至关重要的生态服务功能（史培军等，2011）。

福建省主要江河的水体质量较好，但是不可避免有些河流局部污染严重。随着产业结构的转型，更多的城市处于第二产业占主要地位，工业化进程越快，越来越多的工业废水随之产生，却得不到有效的处理，便直接排入河流，造成了严重的水体污染，其中福州市和南平市水污染尤为严重。

1.3.6 污水回用率低

现今，污水处理技术日渐成熟，出水水质基本都达到了排放标准，但是这些水基本都排放到江河湖海，很少投入生产中使用。

以厦门市为例，厦门市的污水处理厂目前主要污水来源为工业用水和生活污水，污水处理率较高，但是回用率较低。污水回用主要用在污水厂区的绿化用水和路面清洁用水，很少将中水应用到城市居民生活与生产中。

1.4 水资源与城市化相关研究

近年来，关于城市化进程对水资源的影响机制研究很多，主要集中于水资源对城市化进程、社会经济发展的影响机制以及水资源与城市化系统之间复杂的耦合作用（Gu C. et al.，2011；Cohen，2006；Sim and Balamurugan，1991；曾惠，2020）。由于中国近一半的城市属于水资源短缺城市，国内学者对水资源与城市发展的响应关系非常关注，主要在城市化进程的水资源承载力研究，水资源约束下城市发展策略研究，城市化对水资源环境质量的影响，城市化中的水资源管理问题等宏观方面做了深入的研究和探讨（王玉成，2008；周海丽等，2003；杨风，2013）。其中，尤以我国西北干旱区水资源环境与城市发展问题研究居多，最具代表性的是方创琳、鲍超等对西北干旱区水资源约束下城市化过程的理论探讨和规律分析（鲍超和方创琳，2006a；方创琳等，2004；方创琳和李铭，2004）。将城市化进程与流域水文相结合，考虑快速城市化对流域降雨量、蒸发量、地表水资源量、地下水资源量的影响等微观研究还相对较少。相关研究进展综述如下。

1.4.1 城市化进程与流域水文水资源

（1）城市化进程与流域水系空间分布

城市化进程的加快及人口的增加，使供水需求增大，必然改变城市的供水格局及流域的水系空间分布。城市化进程中，由于人口增长、经济发展，城市土地面积已不能满足当前需求，部分水体面积被填充为陆地、部分河流被改道，造成城市水系空间分布改变（高晓薇和刘家宏，2012；王玉成等，2008）。

（2）城市化进程与流域降雨量

城市化进程的加快，导致城市的热岛效应并进一步出现雨岛效应，使得降雨分布不均，降水历时短，强度均，城市化对降雨的频次以及雨型均造成了较大的影响（Shang and Wilson，2009；梁灵君等，2011；周翠宁等，2007；李书严和马京津，2001）。例如，济南城区比郊区的降雨量增加约10%，暴雨以上的降雨场次增加了22%（黄国如和何泓杰，2011）；苏州城区城市化以及南方地区对年雨量、汛期雨量和最大日雨量也都有不同程度的增加作用（李娜等，2006；宋明明，2021）。

（3）城市化进程与流域径流量

城市化进程的加快，使城市周围乃至整个流域的自然植被受到破坏，地表的下垫面产流状态发生了变化，水文特征得到了改变。不透水路面的剧增，致使城市道路地表径流量增大，且不能下渗补给地下水，容易造成洪涝灾害。很多研究表明丰水期城市河流洪峰流量显著增加，地下水资源减少，而枯水期则河流基流量减少，严重时会出现断流（Suriya and Mudgal，2012；刘涓等，2010；郑璟等，2009；王玉成等，2008；王艳君等，2009；Kibler et al.，2007；Michael and Keith，2006）。

（4）城市化进程与城市供水

城市化进程的加快，工业与经济的迅速发展以及人口的增多，对城市总供水量的需求也日益增多。同时，人均用水量、工业用水量（生产用水）、生活用水量、生态用水量以及用水结构的调整也随着城市化的进程而随之改变。多项研究表明全国部分城市用水量的零增长已初见端倪，城市总用水量的增长趋势明显低于用水人口的增长趋势，用水量控制呈现良好发展态势。总用水量中生产用水所占比例非常大，但是目前呈现下降的趋势，而生活用水比例则日渐升高，同时生态用水量从2003年开始占有一定的比例（Wu and Tan，2012；李雪铭和张婧丽，2007；党国锋等，2007；陶涛等，2006；卓敏等，2004）。

1.4.2 水资源与城市化系统的耦合作用研究

根据诺瑟姆理论，城市化进程遵循“S”形曲线上升规律，水资源可持续利用也遵循逻辑增长趋势，二者之间存在着较强的必然联系，具有复杂的耦合作用，客观上存在着各种非线性关系（Seto and Satterthwaite，2010；Seto et al.，2010）。在城市化与水资源开发利用之间的相互响应和反馈机制研究方面，国内外学者对这方面的研究较为广泛，主要研究水资源对城市化进程、城市布局、社会经济发展的影响机制（Alcott et al.，2013；Brown et al.，2009；Chau，1993）。其中，在水资源与城市空间扩张、城市空间组织、人口聚集、经济增长相互作用研究、城市化进程的水资源承载力研究（McDonald et al.，2011a）、水资源约束下城市发展策略研究等方面取得了较为显著的成就（Bettencourt et al.，2007），为今后的研究奠定了坚实的理论和实证基础。

（1）*水资源对城市化进程、城市布局、社会经济发展的影响机制研究*

水资源开发利用对城市化过程既有支撑作用，又有束缚作用，二者之间的相互作用同时存在着正反馈和负反馈机制。水资源开发利用对城市化的支撑作用以及城市化对水资源开发利用的良性响应主要体现在开发利用的水资源以其自然、经济和社会属性为城市化提供直接和间接服务，进而保障城市化健康发展。有关这方面的研究主要集中在城市水资源合理配置、城市水资源承载能力以及可持续水资源管理方面（Lundqvist et al.，2003；Meinzen-Dick and Appasamy，2002）。

水资源开发利用对城市化的束缚作用主要体现在水资源开发利用接近或超过水资源承载力之后，导致水资源产生压力，对城市化产生约束作用，随着约束力的不断加大，进而产生一系列不良后果。主要研究集中在水资源承载力的指标体系评价及水资源安全评价（Rogers et al.，2000）、水资源约束力的识别（Gleick et al.，2002）、水资源约束力的量化方法与实证研究（Bao and Fang，2007）、城市水污染与水资源短缺等水安全问题研究等（Bartlett，2003；Bhatia and Falkenmark，1993；Howard and Bartram，2003）。值得一提的是，美国环境经济学家 Grossman 和 Krueger 利用计量经济学方法，以 42 个发达国家的截面数据进行实证，揭示了随着城市经济水平的提高，城市生态环境质量呈现倒“U”形的演变规律，进而提出著名的环境库兹涅茨曲线（EKC）假设，随即在国外经济学、地理学、生态学研究中掀起了针对区域经济发展与环境变化的（EKC）模型研究的热潮，其中城市化综合发展与水环境变化的（EKC）模型研究也逐步被关注。

（2）城市化对水资源配置、布局及用水效率的影响机制研究

城市化对水资源既有胁迫作用，又有优化作用，二者之间的相互作用同时存在着正反馈和负反馈机制（Molle and Berkoff，2006；Meinzen-Dick and Appasamy，2002；Kendy et al.，2007）。城市化对水资源开发利用的胁迫作用以及水资源开发利用对城市化的不良响应主要体现在城市化所带来的社会经济规模、结构、质量及功能提升进而引起供水、用水和管水难度的增加以及水资源压力的增大（Güneralp and Seto，2008；Vo，2007）。这一方面的研究主要有水资源压力和水资源的脆弱性研究。目前，水资源的脆弱性研究是城市化与水资源关系研究的比较关注的研究方向（Srinivasan et al.，2013）。

脆弱性可定义为一个系统因为压力而表现出来的损害程度。动态的脆弱性是指生态和经济的变化影响到了区域、部门、生态系统乃至社会群组，它们表现出来应对各种各样类型自然的和经济的震荡所不同程度的反应（Turner et al.，2003；Adger and Kelly，1999；Luers et al.，2003；Luers，2005）。有学者认为，干旱年份每人每天用水量低于 40 L 就会存在水资源脆弱性，而存在水资源压力的城市化进程是水资源脆弱的一种状态（Srinivasan et al.，2013），并定义城市化状态下的水资源脆弱性指数，将城市化与水资源脆弱性联系在一起，认为水资源短缺的城市段脆弱性取决于以下四个因素：城市水资源结构、土地利用变化的速率与空间形态、家庭采取的用水计划、地表水和地下水系统特征。水资源脆弱性是随着空间和不同尺度呈现动态的变化特征。当然也有学者对脆弱性有不同的定义，他们认为当区域水总量与水资源可利用的比例超过 0.4，水资源就存在压力，进而表现出脆弱性，而优化合理的城市水资源利用结构是避免水资源压力的重要途径，且城市财政的富余与紧缺均会影响城市水结构的建设（McDonald，2014）。

1.4.3 城市化过程中产生的水资源承载力与约束力的研究

（1）水资源承载力

第一，定义。20 世纪 80 年代初，联合国教科文组织提出了资源承载力

的概念，资源承载力主要是探讨人口与资源的关系，其中研究较早且比较充分的是土地承载能力，而涉及水资源的相关研究较晚。1985年，我国新疆水资源软科学课题研究组提出了水资源承载能力就是水资源可开发利用量，在满足维护生态环境用水需求后，能支撑的工业和农业最大产值与人口数量所需的水量（新疆水资源软科学课题研究组，1989）。

第二，研究进展。水资源承载力研究主要集中在三个方面：地区、城市和流域（文琦和何彤慧，2005）。

地区研究：地区方面的研究以西北干旱区研究较多。例如，刘强等提出水资源承载力的计算流程及所用指标（刘强等，2003）；夏军和朱一中具体从水循环模拟研究切入，建立了水资源承载力评价指标体系，进行了不同发展背景下的生态用水和水资源承载力的量化研究（夏军和朱一中，2004）；王浩等在西北内陆干旱区水资源生产能力分析的基础上，定量地给出了该区域重点地区的水资源承载力（王浩等，2002）。针对生态环境脆弱的内陆干旱区特点，探讨了水资源承载力的主要研究内容、特性和影响它的主要因素，然后提出了水资源承载力的指标体系、计算流程和边界条件，分析计算了其水资源生产能力。

城市研究：城市中水资源分配比例中，工业用水占很大比重，同时城市用水广泛，所以其研究内容也比较多元化。例如，牟海省和刘昌明提出了城市设置与区域水资源承载力相协调的原则，指出水资源承载力限制下我国城市体系的宏观布局和不同地区、不同类型城市设置水资源的标准是水资源承载力研究的两个关键研究方向（牟海省和刘昌明，1994）。夏军等主要讨论了城市化地区水资源承载力的内涵和特性，通过分析城市化对地区水循环、社会经济和生态与环境的影响，以“自然—人工”水循环为基础，以可持续发展作为控制目标，采用目标综合分析与多级灰关联评价相结合的方法，建立了一个城市化地区水资源承载力模型。通过对北京市通州区实例研究表明，该方法可为解决城市化地区水资源和生态与环境问题、指导水资源合理配置，对可持续发展战略的实施提供理论依据和技术支持（夏军等，2006）。Joardor 等从供水的角度对城市水资源承载力进行了相关研究，并建议将其纳入城市发展规划中（Joardar et al.，1998）；Rijisberman 等认为，在研究城市水资源评价和管理体系中，应将承载力作为城市水资源安全保障的衡量标准（Rijisberman et al.，2000）。

流域研究：水资源承载力的流域研究主要集中在北方干旱与半干旱的绿洲区域，是基于黄河流域、黑河流域等干旱区内陆河流域展开。例如，苏志勇等以黑河中游为例，将水资源承载力的研究纳入了生态经济系统进行综合集成研究，从价值量的角度对流域生态系统和经济系统进行了初步的耦合研究（苏志勇等，2002）；王栋等提出通过水资源系统管理来提高水资源承载能力，协调区域经济、社会的持续发展（王栋等，2003）；Harris 和 Kennedy 将水资源作为其中重要的影响因素，把综合的土地承载力作为区域发展潜力的一项重要衡量标准（Harris and Kennedy，1998）；Varis 和 Vakkilainen 以水资源开发利用为核心，参照不同地区发展历史把长江流域的社会经济现状同其水环境承载能力进行了初步比较（Varis and Vakkilainen，2001）。

第三，提高水资源承载力的途径。研究水资源承载力是为了解决水资源承载力与水资源承载负荷或负荷期望值之间的矛盾，其最终研究阶段必然是区域水资源承载力增强途径与措施的研究。通过关于提高水资源承载力策略研究，可以将途径总结为：①合理开发水资源同时提高水资源利用率；②对水资源进行科学管理和分配（贾嵘等，2000；姚治君等，2002）。

（2）*水资源约束力*

第一，定义。在特定空间和时间范围内，由于水资源短缺对社会经济系统产生了约束作用，造成社会经济发展速度减慢，从而达不到区域发展的预期目标，这种约束作用称为水资源约束力（鲍超和方创琳，2006b）。

第二，研究进展。方创琳和乔标以干旱区河西走廊为例，在不跨区调水和跨区调水两种前提下，分别分析了在水资源约束下城市经济发展总量及其对应的城市化阈值，并算出了相应的各类用水和产业结构的比例关系（方创琳和乔标，2005）。方创琳和李铭认为，西北干旱区城市化进程受到水资源短缺及用水结构不合理的双重约束，并以甘肃河西走廊为例，针对河西走廊未来 30 年总需水量阈值、经济总量阈值、总人口阈值和城市化水平阈值，提出了与水资源约束相适应的西北干旱区河西走廊城市化发展的 6 种模式（方创琳和李铭，2004）。董林和陈璇璇认为，水资源对城市可持续发展的约束主要表现为功能性约束、生态性约束、经济性约束和制度性约束（董林和陈璇璇，2006）。鲍超和方创琳提出了水资源约束力的概念，并在阐述其基本内涵和研究意义的基础上，就水资源约束力研究的战略框架进行了初步探讨，同时以河西走廊为例进行了研究（鲍超和方创琳，2006）。

1.4.4　基于流域城市群的城市化综合发展与水资源协调研究

区域协调是现代区域可持续发展的关键主题。在快速的工业化和城市化进程中，我国流域有许多城市和地域都面临着由城市发展、水资源利用和水生态环境保护之间缺乏协调引起的严重问题。在不同类型的城市和局部地区之间，流域的城市群已经是最大的水环境问题。我国目前的研究还没有完全深入流域城市群发展与水环境保护之间的综合协调，很少将水资源短缺和水环境污染问题同城市规模和社会经济学发展结合到一起。在生态环境容量分析的基础上，关于人口、经济和水环境之间协调在国外已有很多研究。这些研究主要集中于四个方面：水资源、水环境和工业发展之间的协调（Lerner and Barrett，1996；Shadananan，2001；方创琳和乔标，2005；Wang et al.，2008），水资源、水环境和城市化之间的协调［United Nations Centre for Human Settlements（Habitat）and United Nations Environment Program，1999；Meinzen-Dick and Appasamy，2002；杨卫强和段汉明，2007］，人口、经济和水资源模型的使用及它们的应用（Conan et al.，2001；方创琳和乔标，2005；Feng et al.，2008），水资源和水环境跨越边境的协调研究（Umesh，1990；Tisdell and Harrison，1992；Lejano and Climis，1995；Becker and Easter，1997；Kaufman et al.，1997；Bielsa and Rosa，2001；Cai et al.，2001）。

此外，目前关于城市化与水资源的相关研究主要集中于行政边界领域。事实上，水环境的实际边界与行政边界相交，与自然水环境和城市群特征一致，如能从“流域”的观念考虑城市群的综合发展，分析人口、经济和水生态环境之间的相互作用关系，则对流域城市群可持续发展及生态保护提供了一个较新的视角。

综上所述，在探讨城市化过程和水资源可持续利用的研究领域，还可以在以下五个方面开展深层次的研究。

第一，从水资源约束的角度，将水资源约束下的城市化过程与水资源响应过程有机耦合起来，进行规律性的基础研究。

第二，从大区域的时空尺度，将水资源变化与城市化过程有机结合起来，探讨城市化综合发展与水资源可持续利用的关系。

第三，既考虑城市化对水资源的影响，又考虑水资源对城市发展的制约，研究它们的双向耦合作用及演化规律，判别二者所处的耦合阶段。

第四，对城市化的健康发展与水资源的可持续利用进行预测，为城市的经济社会发展及水资源的合理调控提供科学依据。

第五，从流域城市群的角度，构建水资源合理配置模型，将城市化进程与水资源利用相协调，为流域城市群的经济社会发展和水资源保护提供参考。

1.5 研究目标、区域和研究内容

1.5.1 研究目标

本书以福建省九个城市地区作为研究对象，探寻城市化水平与水资源利用（用水效益、用水结构、人均用水水平、用水总量）之间存在的线性与非线性关系，利用灰色关联度分析法计算城市化与水资源系统的耦合紧密度，识别城市化与水资源系统相互影响的敏感性指标，通过熵技术支持下的层次分析法计算量化水资源约束强度，验证水资源约束力的存在，判别福建省各地区水资源与城市化所处耦合阶段，预测福建省未来 20 年过程中城市化发展水平、产业布局、人口增长与水资源利用的合理配置，最终为福建省城市化过程下水资源可持续利用提出相应的意见和建议。

1.5.2 研究区域

福建省（简称闽）位于中国东南沿海，东北与浙江省毗邻，西、西北与江西省接界，西南与广东省相连，东隔台湾海峡与台湾岛相望。陆域面积 12.4 万 km^2。福建省的地理特点是“依山傍海”。福建省多山，全省山地丘陵面积约占全省土地总面积的 90%；这些山地多为森林所覆盖，使福建省的森林覆盖率达 66.80%，位居全国第一。福建省的海岸线长度位居全国第二，海岸曲折，岛屿众多。由海路可以到达南亚、西亚、东非，是历史上“海上丝绸之路”的起点，也是海上商贸集散地，福建省现辖 1 个副省级城市和 8 个地级市，分别为福州市、厦门市、莆田市、三明市、漳州市、泉州市、南平市、龙岩市和宁德市。主要河流有闽江、晋江、九龙江和汀江。由于降水丰沛，福建省河川年径流量达 1168 亿 m^3（闽江水量超过黄河）。多数河流落差大且水流湍急，水力理论蕴藏量达 1046 万 kW，可装机容量 705.36 万 kW。沿海平均可利用的潮水面积 3000 多 km^2，可供开发利用的潮汐能蕴藏量在 1000 万 kW 以上。从 2000 年第五次人口普查到 2018 年，福建省总人口从 3410 万人增加到 3941 万人，城镇人口从 1432 万人增加到 2593 万人，农村人口从 1978 万人减少到 1348 万人，城市化率由 41.6% 提高到 65.8%。

福建省九市的人均水资源情况分别为福州市（中度缺水）、厦门市

（极度缺水）、莆田市（中度缺水）、泉州市（中度缺水）、漳州市（轻度缺水）、龙岩市、三明市（水质缺水）、南平市（水质缺水）、宁德市。（轻度缺水：人均水资源量 1700 ～ 3000 m^3；中度缺水：人均水资源量 1000 ～ 1700 m^3；重度缺水：500 ～ 1000 m^3；极度缺水：人均水资源量＜ 500 m^3）

1.5.3 研究内容

第一，利用多年城市化统计数据，分析福建省各市的城市化进程，主要包括人口城市化、经济城市化、空间城市化、产业结构城市化。

第二，利用多年水文水量数据，分析福建省各市的水文水资源变化的变化情况，如降水量、水资源总量，产水系数等。

第三，研究城市化水平与水资源利用（用水效益、用水结构、人均用水水平、用水总量）之间的相关关系，并进行定量分析。

第四，利用灰色关联度分析法探究福建省城市化与水资源可持续利用之间的耦合作用，计算耦合度。

第五，利用熵技术支持下的层次分析法（AHP）计算水资源约束强度，验证福建省城市化进程中存在的水资源约束力，判断城市化与水资源环境耦合作用过程所处的阶段。

第六，利用系统动力学模型（SD）预测福建省各市 2011—2030 年的用水配置情况、城市化水平、产业布局、GDP 及人均 GDP 等指标。

第七，城市化过程与水资源安全协调发展的途径及案例研究。

1.6 主要研究方法和研究技术路线

1.6.1 主要研究方法

主要研究方法有灰色关联度分析法、熵技术支持下的层次分析法、系统动力学方法（SD）、博弈论、线性规划（LP）。

1.6.2 研究技术路线

研究技术路线如图 1-1 所示。

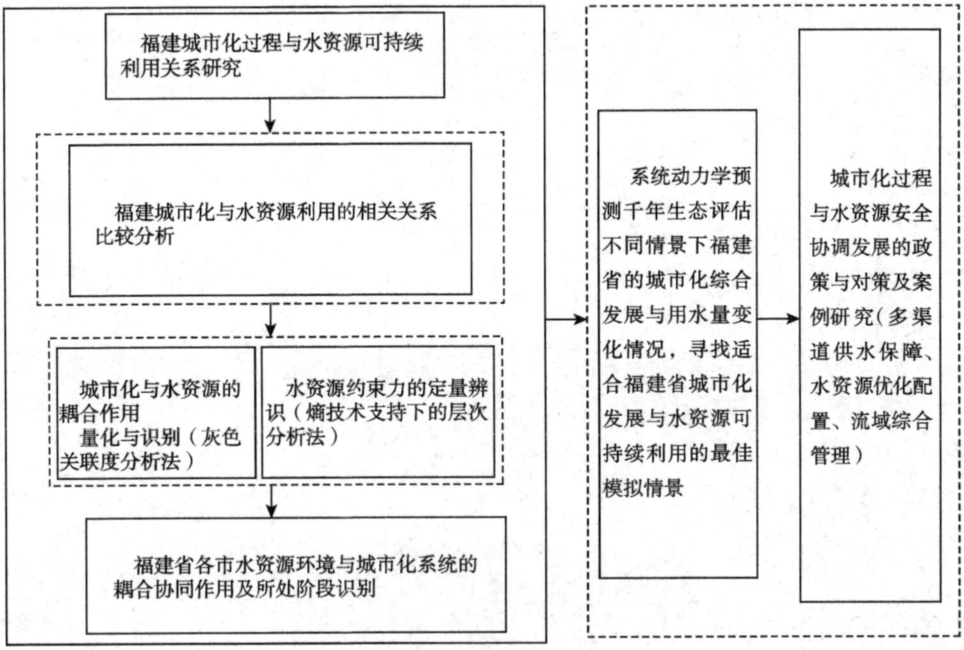
福建城市化过程与水资源可持续利用关系研究
福建城市化与水资源利用的相关关系比较分析
城市化与水资源的耦合作用量化与识别（灰色关联度分析法）
水资源约束力的定量辨识（熵技术支持下的层次分析法）
福建省各市水资源环境与城市化系统的耦合协同作用及所处阶段识别
系统动力学预测千年生态评估不同情景下福建省的城市化综合发展与用水量变化情况，寻找适合福建省城市化发展与水资源可持续利用的最佳模拟情景
城市化过程与水资源安全协调发展的政策与对策及案例研究（多渠道供水保障、水资源优化配置、流域综合管理）

图 1-1　研究技术路线

第 2 章　福建省城市化水平与水资源利用的相关关系比较分析

正如绪论中所说，城市化发展过程与水资源的量、质及合理配置和利用相互紧密联系，并相互制约。

用水效益、用水结构、人均用水水平既直接反映了一个城市的用水情况，也间接反映了该城市的发展情况。因此，本章探讨城市化水平与用水效益、用水结构、人均用水水平和用水总量的线性与非线性相关关系，为后续章节提供数据支撑。

2.1　城市化水平与用水效益的比较分析

用水效益可以用单方水 GDP 反应，即是 GDP 与用水总量的比值。单位用水的产值越高，用水效益就越高（曹喆和张淑娜，2002）。在城市化进程中，如果城市发展得越好，技术革新和科技创新能力就会提高，用水效益应该越高，也就是说一立方水可以创造的经济效益就越大。

采用 2001—2020 年福建省各市单方水 GDP 的增长百分比统计数据绘制表格（表 2–1）。

从表 2–1 中可以看出，2001—2020 年，各市单方水 GDP 均有不同程度的涨幅。

从单方水 GDP 增长百分比平均值来看，增幅最大的是龙岩市为 15.20%，增幅第二的是三明市为 14.92%；宁德市、莆田市、福州市、漳州市和南平市居中，分别为 13.24%、12.99%、12.61%、12.58% 和 12.40%；增幅较小的是厦门市为 11.74%，增幅最小的是泉州市为 10.89%。

表 2-1　2002—2020 年福建省各市单方水 GDP 的增长百分比

年份	城市								
	福州市	厦门市	莆田市	三明市	泉州市	漳州市	南平市	龙岩市	宁德市
2002 年	−0.91%	10.84%	2.64%	13.02%	−16.13%	−8.55%	7.00%	11.40%	2.46%
2003 年	−0.45%	13.70%	13.47%	8.42%	8.50%	24.43%	11.04%	14.38%	11.33%
2004 年	12.82%	12.31%	17.61%	27.48%	11.73%	14.10%	14.14%	11.88%	6.44%
2005 年	−8.02%	14.04%	11.37%	9.47%	0.56%	−11.08%	5.85%	9.20%	8.33%
2006 年	10.99%	16.33%	18.60%	15.11%	16.34%	17.47%	10.69%	14.69%	12.98%
2007 年	15.76%	13.95%	21.47%	21.58%	12.50%	12.31%	15.88%	18.53%	22.05%
2008 年	13.79%	7.50%	14.94%	18.78%	14.29%	22.64%	14.14%	17.28%	12.20%
2009 年	8.21%	14.29%	11.59%	9.14%	8.18%	3.92%	10.09%	11.37%	9.13%
2010 年	21.10%	8.09%	19.56%	29.60%	16.88%	25.00%	21.41%	33.00%	21.13%
2011 年	−9.75%	15.97%	42.10%	33.38%	19.06%	36.64%	23.16%	46.09%	17.93%
2012 年	37.22%	30.65%	−15.19%	9.38%	15.42%	18.43%	9.89%	3.97%	29.51%
2013 年	7.52%	4.03%	12.62%	7.76%	6.42%	7.33%	12.32%	5.18%	9.51%
2014 年	10.74%	−1.40%	15.39%	9.97%	7.79%	10.25%	12.37%	10.19%	11.15%
2015 年	22.20%	4.50%	6.91%	8.23%	9.03%	4.96%	6.82%	10.73%	8.39%
2016 年	30.61%	8.87%	11.63%	9.18%	16.28%	12.63%	14.91%	23.79%	10.63%
2017 年	6.64%	14.98%	13.57%	17.57%	13.45%	12.08%	7.95%	11.59%	12.36%
2018 年	3.46%	13.73%	10.14%	16.05%	19.15%	14.79%	15.90%	17.60%	12.35%
2019 年	93.44%	23.28%	24.51%	14.57%	22.40%	25.27%	16.56%	15.02%	39.50%
2020 年	−35.76%	−2.53%	−6.07%	4.79%	5.14%	−3.68%	5.54%	2.88%	−5.76%
平均增长百分比	12.61%	11.74%	12.99%	14.92%	10.89%	12.58%	12.40%	15.20%	13.24%

根据统计数据绘制 2001—2020 年福建省各市的用水效益平滑曲线散点图如图 2-1 所示。从图 2-1 中可以看出，随着时间的增长，用水效益均有不同程度的增长趋势，这说明随着城市化的发展，节水技术水平也在不断提高，用水效益得到改善。

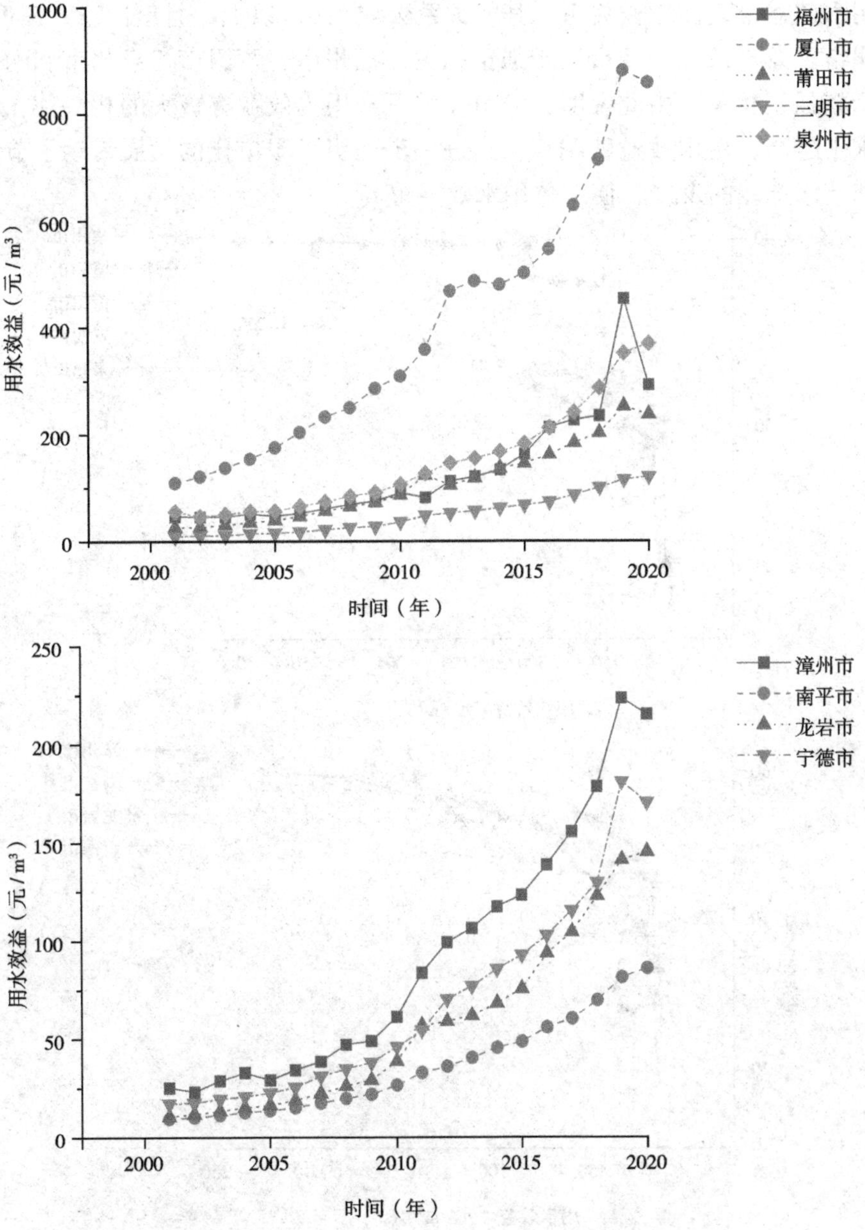

图 2-1　2001—2012 年福建省各市用水效益变化情况

为了揭示城市化水平与用水效益的相关关系，采用福建省各市 2001—2019 年的城市化水平和用水效益统计数据，做出二者耦合关系变化的平滑折线散点图（图 2-2），并对其进行回归分析，得出城市化水平与用水效益的数学关系模型（表 2-2）。从表 2-2 中可以看出，福建省各市城市化水平与用水效益呈线性增长关系，其相关系数均在 0.5 以上，且厦门市、三明市、漳州市、龙岩市和宁德市属于强正相关，福州市、莆田市、泉州市和南平市属于较强正相关。由此说明，城市化水平和用水效益有极大的相关性，城市化水平越高，用水效益就越高。这进一步证明了城市化的发展带动了节水科技和节水产业的发展，使总体用水效益提高。

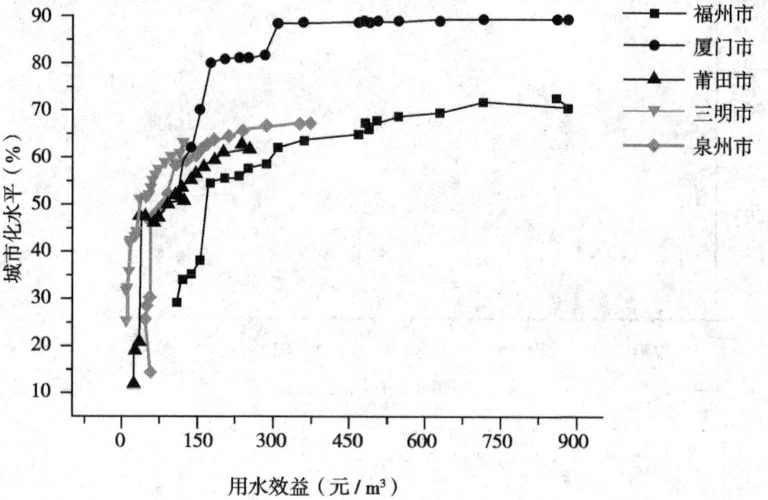

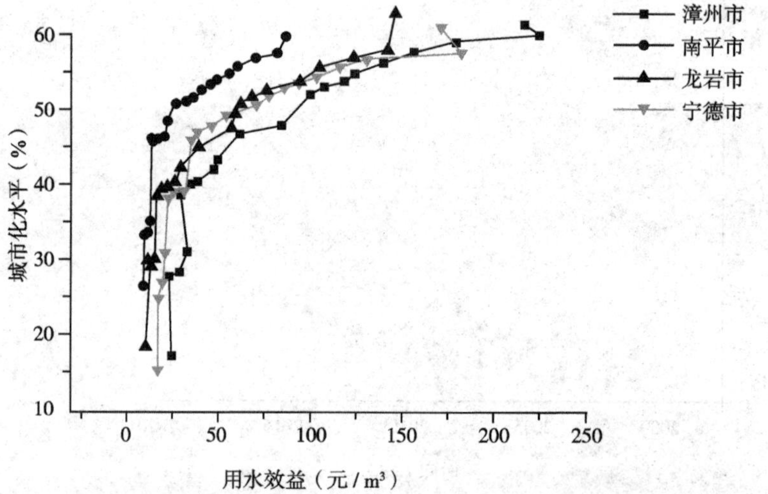

图 2-2　2001—2019 年福建省各市城市化水平与用水效益平滑折线散点

表 2-2　福建省各市用水效益（x）与城市化水平（y）关系模型

城市	相关函数式	R值	R^2值	相关性
福州市	$y=0.4616x+20.785$	0.7734	0.5981	较强正相关
厦门市	$y=0.0937x+54.181$	0.8826	0.7790	强正相关
莆田市	$y=0.3608x+16.837$	0.7551	0.5702	较强正相关
三明市	$y=0.5632x+28.588$	0.8535	0.7285	强正相关
泉州市	$y=0.2327x+22.055$	0.7663	0.5872	较强正相关
漳州市	$y=0.3393x+22.676$	0.7959	0.6335	强正相关
南平市	$y=0.7309x+28.827$	0.7743	0.5995	较强正相关
龙岩市	$y=0.5023x+24.793$	0.8379	0.7021	强正相关
宁德市	$y=0.5408x+19.006$	0.8464	0.7164	强正相关

2.2　城市化水平与用水结构的比较分析

用水结构不仅反映了一个地区的产业结构，而且反映了不同产业的耗水情况。由于篇幅所限，本节选取城市化水平较高的厦门市、城市化水平中等的泉州市和莆田市、城市化水平较低的宁德市为例进行比较分析。

2.2.1　厦门市用水结构变化情况

由《福建省水资源公报》上收集到的用水数据绘制出厦门市在 2012—2019 年的用水结构变化图（图 2-3）。从图 2-3 中可以看出，厦门市农田灌溉用水逐渐减少，从 1.43 亿 m^3 减少到 1.17 亿 m^3，所占用水总量比例从 24% 减少到 15%，减幅 9%；工业用水在逐渐减少，从 1.52 亿 m^3 减少到 1.17 亿 m^3，所占用水总量比例从 25% 减少到 15%，减幅 10%；城镇公共用水逐渐增加，从 1.1 亿 m^3 增加到 1.5 亿 m^3，所占用水总量比例从 18% 增加到 19%，增幅 1%；居民生活用水也在不断增加，从 1.79 亿 m^3 增加到 2.54 亿 m^3，所占用水总量比例从 30% 增加到 33%，增幅 3%；生态环境用水也在逐年增加，从 0.08 亿 m^3 增加到 1.33 亿 m^3，所占用水总量比例从 1% 增加到 5%，增幅 4%。

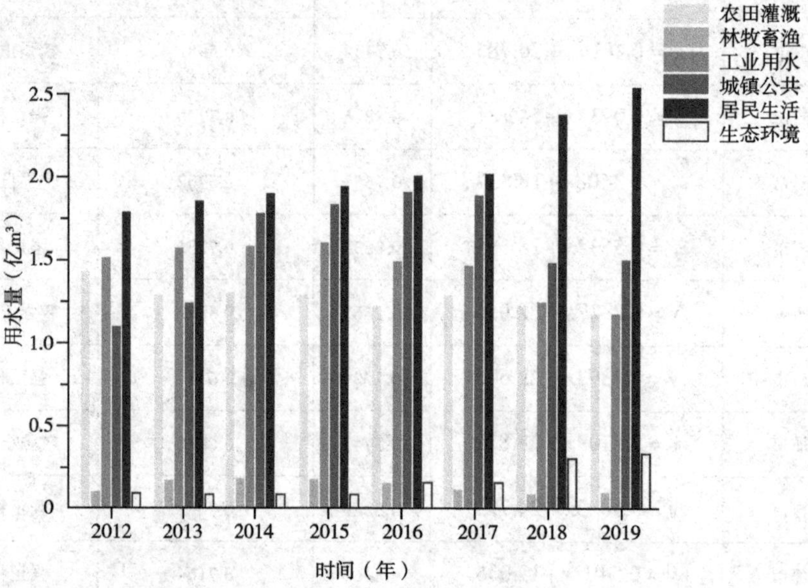

图 2-3　2012—2019 年厦门市用水结构变化情况

从图 2-3 中可以看出，经过 8 年的发展，厦门市目前用水结构变化情况。其中，居民生活用水比例呈逐渐增加的变化趋势，农田灌溉用水比例大幅减少。由此可见，随着厦门市的社会经济不断发展，城市化水平提高，其居民生活用水、城镇公共用水占主导地位，属于高城市化水平城市，同时在产业布局方面，不断向第三产业转移，且第一产业已经走向衰落。

2.2.2　泉州市用水结构变化情况

由《福建省水资源公报》上收集到的用水数据绘制出泉州市在 2012—2019 年的用水结构变化图（图 2-4）。从图 2-4 中可以看出，泉州市农田灌溉用水逐渐减少，从 8.74 亿 m^3 减少到 7.5 亿 m^3，所占用水总量比例不变；工业用水在逐渐减少，从 15.28 亿 m^3 减少到 13.06 亿 m^3，所占用水总量比例不变；城市公共用水逐渐增加，从 1.84 亿 m^3 增加到 2.2 亿 m^3，所占用水总量比例从 6% 增加到 8%，增幅 2%；居民生活用水不断增加，从 4.34 亿 m^3 增加到 4.62 亿 m^3，所占用水总量比例从 13% 增加到 16%，增幅 3%；生态环境用水逐年减少，从 0.96 亿 m^3 降低到 0.5 亿 m^3，所占用水总量比例从 3% 降低到 2%，降幅 1%。

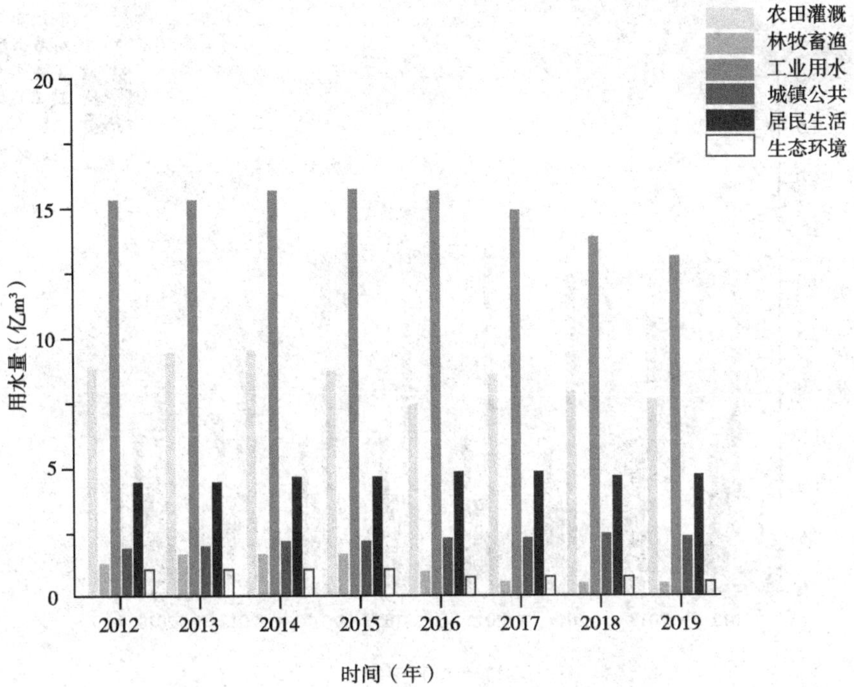

图 2-4　2012—2019 年泉州市用水结构变化情况

从图 2-4 中可以看出：经过 8 年的发展，泉州市目前的用水结构变化情况。其中，工业用水比例呈增加后下降的变化趋势，占主导地位；农田灌溉用水比例有减少，居民生活用水增加。由此可见，随着泉州市的不断发展，城市化水平逐渐上升，第二产业目前占主要地位，耗水量较大，应注意环保技术的革新，提高单方水工业产值效益。

2.2.3　莆田市用水结构变化情况

由《福建省水资源公报》上收集到的用水数据绘制出莆田市在 2012—2019 年的用水结构变化图（图 2-5）。从图 2-5 中可以看出，莆田市农田灌溉用水从 4.49 亿 m^3 减少到 3.49 亿 m^3，所占用水总量比例从 39% 减少到 34%，减幅 5%；工业用水在逐渐减少，从 3.01 亿 m^3 减少到 2.56 亿 m^3，所占用水总量比例从 26% 减少到 25%，降幅 1%；城镇公共用水逐渐减少，从 1.29 亿 m^3 减少到 1.08 亿 m^3，所占用水总量比例从 11% 减少到 10%，降幅 1%；居民生活用水不断增加，从 1.42 亿 m^3 增加到 1.52 亿 m^3，所占用水总量比例从 12% 增加到 15%，增幅 3%；生态环境用水也在逐年增加，从 0.58 亿 m^3 增加到 1.05 亿 m^3，所占用水总量比例从 5% 增加到 10%，增幅 5%。

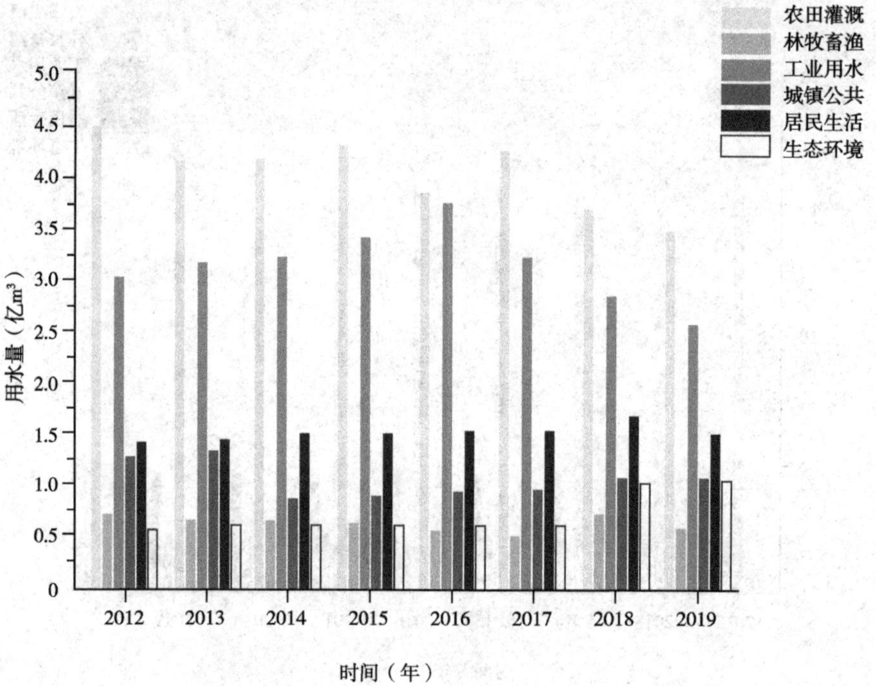

图 2-5　2012—2019 年莆田市用水结构变化情况

从图 2-5 中可以看出，经过 8 年的发展，莆田市目前的用水结构变化情况。其中，居民生活用水和工业用水有不同程度增加，农田灌溉用水比例减少，但还是占主导地位。由此可见，随着莆田市的不断发展，其城市化水平不断提高，同时其用水结构也发生变化，产业结构不断从第一产业向第二产业转移，逐渐实现农转非的过程。

2.2.4　宁德市用水结构变化情况

由《福建省水资源公报》上收集到的用水数据绘制出宁德市在 2012—2019 年的用水结构变化图（图 2-6）。从图 2-6 中可以看出：宁德市农田灌溉用水从 8.41 亿 m³ 减少到 7.51 亿 m³，所占用水总量比例不变；工业用水在逐渐减少，从 4.5 亿 m³ 减少到 3.24 亿 m³，所占用水总量比例从 29% 减少到 24%，降幅 5%；城镇公共用水逐渐增加，城镇公共用水从 0.6 亿 m³ 增加到 0.81 亿 m³，所占用水总量比例从 4% 增加到 5%，增幅 1%；居民生活用水逐渐增加，居民生活用水从 1.48 亿 m³ 增加到 1.59 亿 m³，所占用水总量比例从 10% 增加到 20%，增幅 2%；生态环境用水量也在逐年增加，从 0.03 亿 m³ 增加到 0.13 亿 m³，所占用水总量比例从 0.2% 增加到 1.0%，增幅 0.8%。

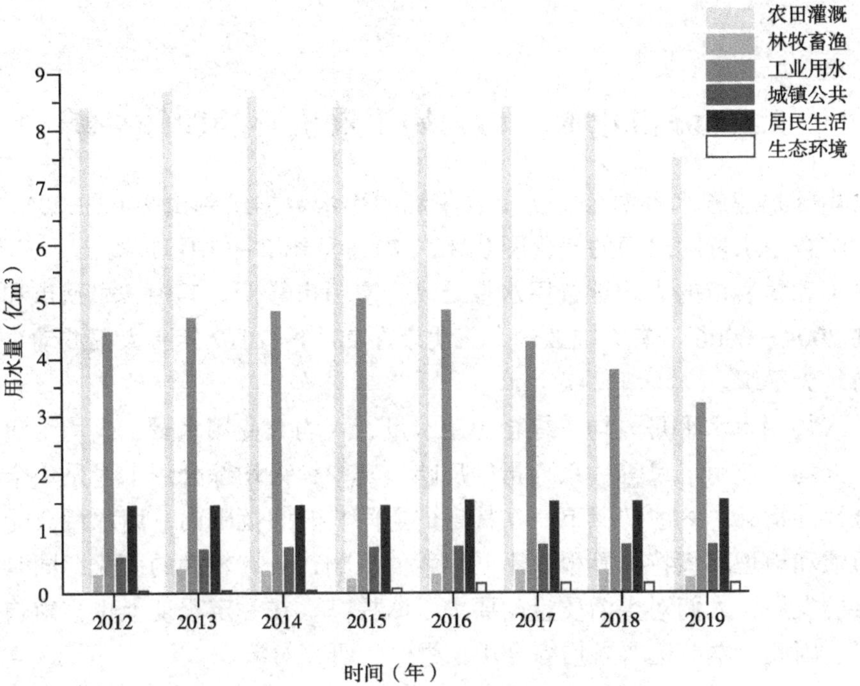

图 2-6　2012—2019 年宁德市用水结构变化情况

从图 2-6 中可以看出，经过 8 年的发展，宁德市目前的用水结构变化情况。其中，工业用水比例有大幅减少，农田灌溉用水略微减少，但两者仍占主导地位。由此可见，宁德市的城市化进程较慢，其用水结构应从农田灌溉用水转向工业用水，且产业结构不断从第一产业向第二产业和第三产业调整。

综上所述，城市的用水结构反映了城市的发达水平，城市化水平越高的城市，其第二、第三产业就越发达，主要用水为居民生活用水和工业用水，且向居民生活用水偏移，用水结构趋于合理。这四个城市的城市化水平表现为厦门市＞泉州市＞莆田市＞宁德市，与用水结构的合理优化布局的排序一致。厦门市位于沿海地区，属于改革开放先行区，丰富的自然资源和好的地理位置为其发展创造了很大的便利。厦门市的产业结构从第二产业向第三产业转移，同时不断优化用水结构，呈现生活用水大于生产用水和农业用水的现象，这当然也和厦门市无较多工业企业有关系。相比于厦门市、莆田市、泉州市和宁德市的城市化水平较低，农田灌溉用水所占比例比较大。尤其是宁德市，截至 2011 年，其农业用水还占据了一半以上的用水量，仍处于第一产业要向第二产业和第三产业转移的过渡期，其用水结构还需要进一步优化。

2.3 城市化水平与人均用水水平的比较分析

由《福建省水资源公报》上收集到的用水数据绘制出 2002—2019 年的人均综合用水量随时间的变化图（图 2-7）。从图 2-7 中可以看出，三明市、南平市和龙岩市的人均综合用水量最高，厦门市最低。其中，泉州市和龙岩市在 2004—2006 年有大幅波动，三明市在 2010—2012 年有大幅波动，其他城市较为平缓。

人均用水水平是人均（综合）用水量、人均农业用水量、人均生活用水量、人均工业用水量等一系列指标反映。其中，人均综合用水量是一个较为综合性的指标。一般情况下，在特定的空间、时间范围内，用水量会受到用水习惯和地理环境特征等很多不同因素的影响，会有较大的变化，同时随着社会的发展，人们对生活质量的要求不断提高，在一定程度上也会影响用水水平。因此，本节选取人均综合用水量作为研究对象。

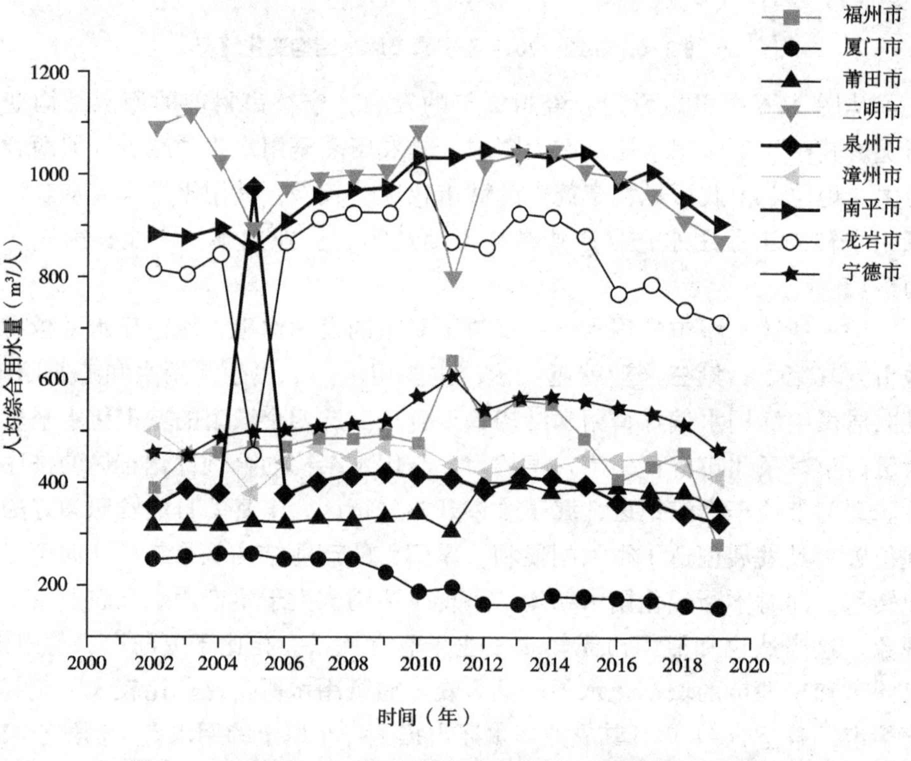

图 2-7　2001—2019 年福建省各市人均综合用水量变化情况

由福建省各城市历年的城市化水平与人均综合用水量的数据绘制出2002—2019 年的平滑折线散点图（图 2-8）。从图 2-8 中可以看出，泉州市和三明市的波动较明显，其中，三明市人均综合用水量先减少后增加再减少又升高，最后减少的趋势；龙岩市人均综合用水量随城市化水平的提高呈先增加后减少再增加最后减少的趋势；福州市人均综合用水量随城市化水平的提高呈先增加后减少的趋势；泉州市先增加后减少，然后趋于平稳的趋势，漳州市呈先减少后增加后减小，小幅波动的趋势；莆田市、宁德市和南平市呈先增加后减少的趋势；厦门市呈小幅递减趋势。由此可见，人均综合用水量随着城市化水平的提高大体上呈下降趋势，但二者的关系并不是简单的线性关系。

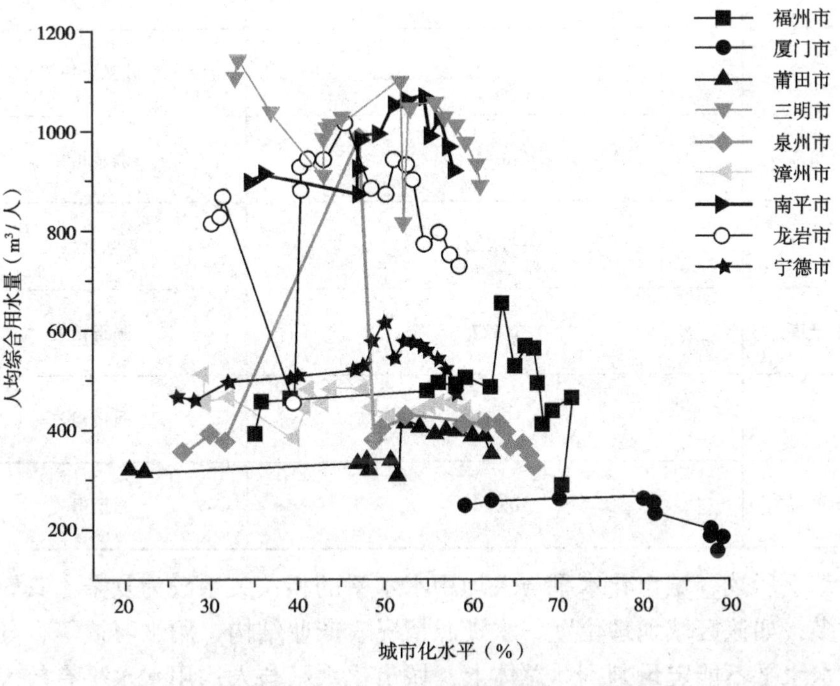

图 2-8　2002—2019 年福建省各市人均综合用水量与城市化水平平滑折线散点

为更好地分析人均综合用水量和城市化水平之间的相关关系，利用2002—2019 年的人均综合用水量和城市化的数据进行回归分析，得到福建省各市人均综合用水量和城市化水平的相关性（表 2-3）。从表 2-3 中可以看出，当城市化水平较低时（50 以下）泉州市呈正相关。当城市化水平较高时，人均综合用水量和城市化的数据呈正相关。由此说明城市化水平越高，居民的节水意识越强，人均综合用水量减少，但福州市、龙岩市还存在波动，说明这几个城市在用水方面上还应多加完善和调整，使人均综合用水量逐渐降下来。

表 2-3　福建省各市人均综合用水量与城市化水平的相关性

城市	皮尔逊相关性	相关性
福州市	0.121	弱正相关
厦门市	−0.775	强负相关
莆田市	0.636	强正相关
三明市	−0.445	较强负相关
泉州市	−0.142	弱负相关
漳州市	−0.422	较强负相关
南平市	0.627	强正相关
龙岩市	−0.020	弱负相关
宁德市	0.612	强正相关

综上所述，城市化水平与人均用水水平的相关关系较为复杂。其影响因素较多，如该区域地理位置、水资源情况、产业结构、用水习惯等，导致人均用水水平不能定量判别。总体上，城市化水平与人均用水水平有较大的关系，城市化发展水平高，人均用水量将会随着产业结构的调整、环境技术的革新和环保意识的提高而降低。

2.4　城市化水平与用水总量的比较分析

用水总量包括了农田灌溉用水、工业用水、城镇生活和农村生活用水量以及其他服务业用水。鲍超和方创琳根据城市化水平与经济增长之间的对数关系和用水总量与经济增长的幂函数关系推断出城市化水平用水总量呈对数关系（Bao and Fang，2007）。

因此，由《福建省水资源公报》上收集的数据绘制福建省各市 2002—2019 年的用水总量随时间的变化图（图 2-9）。从图 2-9 中可以看出，用水总量最多的是福州市和泉州市，其次是南平市、三明市、龙岩市和漳州市，宁德市、莆田市和厦门市较少。其中，福州市用水总量有较大幅度的波动，2011 年用水量最多，2019 年用水量最少，其他城市较为平缓，没有显著起伏。

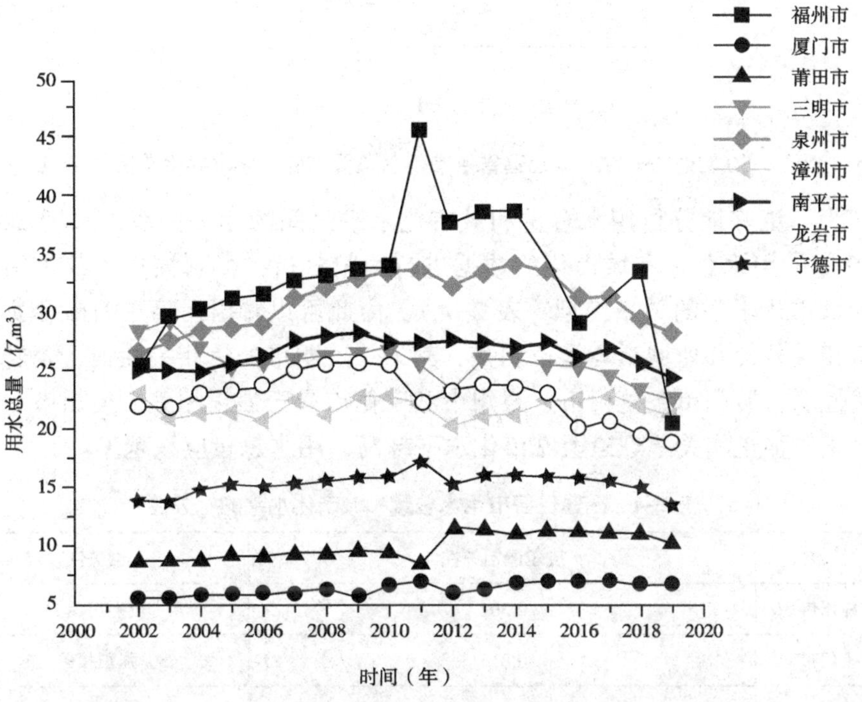

图 2-9　2002—2019 年福建省各市用水总量变化情况

由福建省各市历年的城市化水平与用水总量的数据绘制出 2002—2019 年的平滑折线散点图（图 2-10）。从图 2-10 中可以看出，福州市、泉州市和龙岩市的波动较大，福州市的用水总量随城市化水平的提高先增加后持续减少又增加；龙岩市用水总量随城市化水平的提高先减少后增加再减少。厦门市、莆田市、南平市和宁德市的用水总量随城市化水平的提高呈递增后逐渐下降的趋势，其他城市的用水总量呈递减趋势。

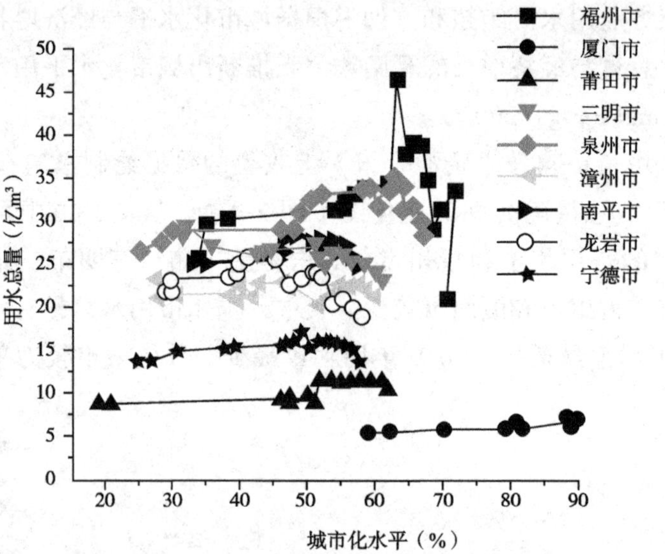

图 2-10　2002—2019 年福建省各市用水总量与城市化水平平滑折线散点

为了更好地分析用水总量和城市化水平之间的相关关系，采用 2002—2019 年的用水总量和城市化的数据进行回归分析，得到福建省各市用水总量和城市化水平的关系模型（表 2-4）。由此可以看出，除三明市和龙岩市呈负相关外，其他城市均呈正相关，其中，三明市的负相关性强，龙岩市的相关性弱，厦门市、莆田市、泉州市和宁德市属于强正相关，福州市和南平市属于较强正相关。理论上城市化水平越高，用水总量应该越多。

表 2-4　福建省各市用水总量和城市化水平的相关性

城市	皮尔逊相关性	相关性
福州市	0.301	较强正相关
厦门市	0.815	强正相关
莆田市	0.691	强正相关
三明市	−0.790	强负相关
泉州市	0.624	强正相关
漳州市	0.034	弱正相关
南平市	0.344	较强正相关
龙岩市	−0.430	较强负相关
宁德市	0.460	较强正相关

2.5　结论

本章对福建省九个地级市在 2002—2019 年的用水效益、用水结构、人均用水水平和用水总量进行比较分析。通过分析表明，福建省城市化水平与用水效益呈线性增长关系，城市化水平越高，则用水效益越高；农田灌溉用水量逐年减少，工业用水量整体上呈下降趋势；大部分城市的人均用水量与城市化水平呈正相关，说明福建省在城市发展的同时，需要注重用水模式的改善，增强居民的节约用水意识；大部分城市的用水总量与城市化水平呈正相关，城市化水平越高，用水总量越多，可供利用的水资源有限，过度消耗水资源，城市化发展将会面临水资源严重短缺的情况。

第 3 章　福建省城市化综合发展与水资源可持续利用的耦合作用

城市化系统和水资源系统是一个触及自然、经济和社会的复合型生态系统，拥有各自的发展规律，但又存在较强的必然联系（陈明星等，2011）。第 2 章的结论也佐证了二者之间存在的线性与非线性关系。城市化对水资源起到正向的优化作用与负向的胁迫作用，水资源反过来支持或制约城市化的发展，二者之间的相互响应和反馈机制可以认为是一个耦合过程（鲍超和方创琳，2010）。探讨城市化和水资源系统的相互影响制约因素，既是水资源科学的一大理论研究方向，也是缺水地区城市化动力机制研究中的重要研究方向之一，对城市化与水资源系统耦合关系的研究可以在合理开发利用水资源的前提下，为城市化发展方向的规划提供重要的科学理论依据，尤其是对解决水资源短缺地区的水资源可持续合理开发利用，合理调整城市化进程的速度都具有重要的理论依据和现实意义。

城市化与水资源环境的耦合作用可通过建立科学合理的城市化与水资源耦合指标体系，评价水资源与城市化相互响应的因子及所处的耦合作用阶段，识别城市化与水资源环境之间的特定关系。本章基于目前国际上比较流行的“驱动力（Driving force）—压力（Pressure）—状态（State）—响应（Responses）”（DPSR）模型，分析了城市化综合发展与水资源利用的驱动力指标，城市化与水资源体系的压力和状态指标，以及两个体系相应的响应指标。有别于以往的单层次面上分析，建立了层层递进的城市化与水资源耦合的 DPSR 反馈指标体系。在建立上述指标体系的基础上，运用灰色关联度分析法进行水资源与城市化二者耦合度的计算。

3.1 城市化与水资源耦合指标体系的构建

3.1.1 评估指标体系遴选的原则

（1）系统性原则

系统性原则，即表明评估指标体系要能够充分体现出整个系统的相关信息量，而且各个指标之间也要具有独立性，从而构成了一个完整的多维度空间。在多维度空间中，每个点都对应着影响城市化和水资源系统的一个因素；由若干个相互独立的指标构成一个指标族，反映影响城市化和水资源系统某一个层面的实质内容；再由数个相互独立的评估指标族就可组成一个完整的评估指标体系，用于评价和测度影响城市化和水资源系统的整体水平（古丽娜尔，2012）。

（2）可操作性原则

评估指标体系建立的目的主要是在评估影响城市化和水资源系统中得到应用。这就规定所构成的指标体系要具有可操作性和可行性，评价指标的数据来源要比较容易搜寻与收集，评价指标体系应尽量求质而不求量，具有代表性。

（3）有效性原则

有效性原则是指所构建的评估指标体系必须与其所评估目标相关联，可以真实地反映影响城市化和水资源系统的关键因素。如果所构建的指标体系反映的是与城市化和水资源系统无相关性的，那么这个所构建的指标体系可以说是无效且毫无意义的。

（4）可比性原则

必须明确评估指标体系中每个指标的含义，并且能够确保评估结果可以进行横向与纵向的对比，以便更好地了解和把握影响城市化和水资源系统各个因素的实际状况和变化趋势。在进行评估指标的构建时，为了保证指标具有可比性，评估指标体系中应当尽可能少地使用绝对指标，应选用相对指标。

（5）导向性原则

构建影响城市化和水资源系统指标体系的目的就是通过指标体系找出其中存在的耦合关系，获得有效的相关信息，了解和把握城市化和水资源系统的现状和存在的问题，改进和提高相应的政策体系与建设方案，降低耗费成本，促进地方经济可持续发展以及实现城市化和水资源系统安全协调发展（陈彤和任丽军，2013）。

（6）独立性原则

评估指标体系中的每个指标应该拥有单独的信息量，并且相互之间不能够替代。应尽量选择反映信息量多又能充分地体现出城市化和水资源系统之间的相关联性的指标。

3.1.2　评估指标体系遴选的方法

遵循系统性、可操作性、有效性、可比性、导向性和独立性等原则，根据我国统计数据及城市年鉴的数据类型及特点，罗列与水资源和城市化有关的一系列指标，并考虑到指标之间的信息重叠问题，采用主成分分析对一般的评价指标体系进行“筛选”，力求将信息涵盖面较广、指标之间信息重叠较小的代表性指标选进指标体系。最后，通过理论分析法和专家咨询法（问卷调查法）得到相应的指标体系（刘耀彬，2007）。

3.1.3　指标体系的构建

“驱动力（Driving force）—压力（Pressure）—状态（State）—影响（Impact）—响应（Responses）”（DPSIR）模型是一种在生态与环境系统研究中所采用的频率较高的评估指标体系虚拟模型（EEA，1999；Bowen and Riley，2003；Giupponi，2002，2007）。它是欧洲环境署（EEA）综合 PSR（压力—状态—响应）模型和 DSR（驱动力—状态—响应）模型的优点而建立起来的解决环境与生态问题的管理模型（OECD，1993），已逐渐成为判定流域、海岸带、城市生态环境因果关系的有效工具（Smith et al.，1999；Turner et al.，1999；Bowen and Riley，2003；Cave et al.，2003）。它将一个环境系统的完整评估指标划分成五个部分，即驱动力、压力、状态、影响、响应（UNEP，2002）。

DPSIR 模型描述了一条引发生态与环境问题的起源和结果之间的因果

链。这条因果链表明社会、经济、人口的发展作为长期驱动力（D）作用于环境，因而对环境产生压力（P），造成生态环境状态（S）的变化，从而对水资源等生态环境造成各种影响（I）。这些影响促使人类对生态环境状态（S）的变化做出响应（R），响应（R）措施又作用于社会、经济和人口所构成的复合系统或直接作用于环境压力（P）、状态（S）和影响（I）（UNEP 2002）（图 3–1）。

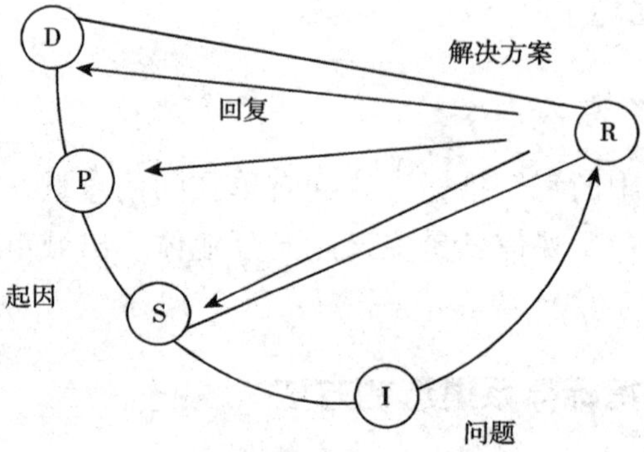

图 3–1　DPSIR 模型

相应于 DPSIR 模型，近年来很多学者又将其改良为 DPSR 模型或 DPIR 模型，在生态安全、低碳城市、城市聚集、城市蔓延等越来越多的领域广泛应用（Karageorgis et al.，2005；Carr et al.，2007）。然而，无论是 DPSIR 模型还是 DPSR 模型、DPIR 模型都侧重从单向角度，即从人与社会出发，找到环境因此受力的状态和影响以及反馈指标。力的产生与作用都是相互的，城市化对水资源环境产生压力，水资源环境对城市化的发展也会有一个反向作用力存在。因此，对于城市化与水资源两个系统，研究二者之间的耦合关系，就要从水资源和城市化双向角度平行考虑各因素之间的关系。本章根据城市化与水资源系统的特征，建立了层层递进的城市化与水资源耦合的 DPSR 反馈体系。

将驱动力（P）分为城市化综合发展和水资源可持续利用需求。压力包括人口城市化、经济城市化、社会城市化、空间城市化等带来的城市化系统压力，也可以说是城市化在人口、经济、社会、空间等方面的表现；压力还包括水资源面临城市化快速发展和水资源可持续开发利用所产生的本底压力、环境压力、水资源环境治理压力等水资源系统的压力。相应于城市化压力的是以下 12 个状态：人口规模、人口结构、人口变动、经济规模、经济结构、经济增长、经济效益、生活质量、基础设施、科技文化、空间规模和空间密度；相应于水资源环境压力的是以下 6 个状态：人均资源、资源丰度、环境负荷、资源利用、环境治理、资源利用效益；相应于以上 18 个状态的 47 个响应指标如表 3-1 所示。

表 3-1　城市化综合发展与水资源可持续利用耦合指标体系

驱动力	压力	状态	响应
城市化综合发展	人口城市化	人口规模	年末总人口（X1）、非农人口（X2）
		人口结构	非农人口比重（X3）、第三产业从业人口比重（X4）
		人口变动	人口增长率（X5）、非农人口比重增长率（X6）
	经济城市化	经济规模	GDP（X7）、工业产值（X8）、第三产业产值（X9）
		经济结构	工业产值占 GDP 的比重（X10）、第三产业产值占 GDP 的比重（X11）
		经济增长	GDP 增长率（X12）、工业产值增长率（X13）、第三产业产值增长率（X14）
		经济效益	人均 GDP（X15）、人均工业产值（X16）、人均第三产业产值（X17）
	社会城市化	生活质量	城镇居民可支配收入（X18）、城镇居民可消费支出（X19）
		基础设施	人均城市道路面积（X20）、万人拥有医生数（X21）、万人拥有公交车辆数（X22）、城市用水普及率（X23）
		科技文化	科教经费投入比例（X24）、万人拥有大学生数（X25）、每百人公共图书馆藏书量（X26）
	空间城市化	空间规模	建成区面积（X27）、城市建设用地面积（X28）
		空间密度	城市建设用地占市区面积比重（X29）、市辖区人口密度（X30）
水资源可持续利用	水资源本底压力	人均资源	人均水资源量（Y1）、人均综合用水量（Y2）
		资源丰度	年降水量（Y3）、产水模数（Y4）
	水资源环境压力	环境负荷	工业废水排放量（Y5）、城镇生活污水排放量（Y6）、农村生活污水排放量（Y7）
		资源利用	全年供水量（Y8）、水资源开发利用率（Y9）、工业用水量（Y10）、农业用水量（Y11）
	水资源环境治理压力	环境治理	城镇污水处理率（Y12）、工业废水排放达标率（Y13）、工业污染治理投资（Y14）
		资源利用效益	万元 GDP 用水（Y15）、万元工业增加值用水（Y16）、农田灌溉亩均用水（Y17）

3.2　数据与方法

3.2.1　数据来源及预处理

本书的基本研究单位为城市，采用 2001—2020 年的《中国城市统计年鉴》及福建省及各市统计年鉴、《福建省水资源公报》作为主要数据源。一般来说，实际案例的不同数据系列往往具有不同的量纲，而在计算关联系数时，要求量纲要相同。因此，在进行灰色关联度（GRA）分析之前，首先要对各个数列做初始化处理，即对各种数据进行无量纲化。

对给定数列$X=[X(1),X(2),\cdots,X(n)]$，将其初始化，其公式为：

$$X=\left[1,\frac{X(2)}{X(1)},\frac{X(3)}{X(1)},\cdots,\frac{X(n)}{X(1)}\right] \tag{3-1}$$

通过公式（3-1），所有数据均没有了量纲，可以进行相应计算和比较。

3.2.2 计算方法

灰色关联度分析法是通过以各种影响因素的样本数据为基准，对样本中的两两影响因素进行对比它们之间的发展态势是否一致，并利用公式计算出两者之间的关联度大小，从而得出哪个影响因素的关联度值最大，其就是对某个问题影响最大的因素之一。它对于两两比较的系统发展变化趋势可进行量化，非常适合动态历程分析。为了揭示水资源环境与城市化系统的耦合关系及所处的耦合阶段，本书选择采用灰色关联度分析法计算城市化与水资源系统的耦合度及识别该耦合体系的关键影响因子（刘耀彬等，2005）。

（1）**关联系数的计算**

$$\xi_{ij}(t)=\frac{\left[\min\limits_i\min\limits_j\left|Z_i^X(t)-Z_i^Y(t)\right|+\rho\max\limits_i\max\limits_j\left|Z_i^X(t)-Z_i^Y(t)\right|\right]}{\left[\left|Z_i^X(t)-Z_i^Y(t)\right|+\rho\max\limits_i\max\limits_j\left|Z_i^X(t)-Z_i^Y(t)\right|\right]} \tag{3-2}$$

式中，$Z_i^X(t)$，$Z_i^Y(t)$分别为各个区域 t 时刻（空间截面）或各个时刻 t 区域（时间截面）城市化系统与水资源系统指标的标准化值；ρ为分辨系数，一般取值 0. 5；$\xi_{ij}(t)$为 t 时刻的关联系数（刘耀彬，2007）。

（2）**系列关联度的计算**

$$\gamma_{ij}=\frac{1}{n}\sum\zeta_{ij}(t) \tag{3-3}$$

式中，γ_{ij}为关联度，为数列中每个数据的关联系数的平均值；n 为城市化或水资源系统某指标系列的样本数。

将每个系列的关联度γ_{ij}进行一一比较，可得到一个$m\times l$的关联度矩阵 γ，反映了 m 个城市化系统响应指标与1个水资源系统各响应指标耦合作用的错综复杂关系。γ_{ij}介于 0 与 1 之间，γ_{ij}值越大，表明关联性越大，通过比较矩阵里各个关联度γ_{ij}的大小，可以分析出水资源环境中哪些因素与城市化的何种因素关系密切，而哪些对城市化系统作用不大。

（3）矩阵中行或列关联度平均值的计算

在关联度基础上分别按行或列求其平均值（高翔等，2010），分别得到公式（3–4）和公式（3–5），根据d_i及d_j的大小分别遴选出城市化对水资源环境主要影响因素，以及水资源环境对城市化主要影响因素。

$$d_i = \frac{1}{m}\sum_{j=1}^{l}\gamma_{ij}(i=1,2,\cdots,m;j=1,2,\cdots,l) \tag{3–4}$$

$$d_j = \frac{1}{l}\sum_{i=1}^{m}\gamma_{ij}(i=1,2,\cdots,m;j=1,2,\cdots,l) \tag{3–5}$$

式中，γ_{ij}为关联度；m，l分别为城市化系统与水资源环境系统的指标数。

（4）最终耦合度的计算

耦合度为城市化与水资源相互作用和相互影响的量度。最终耦合度的计算如公式（3–6）所示（高翔等，2010），耦合度越高，表明城市化与水资源系统之间的联系越紧密，相互影响作用越大，制约性越强。

$$C(t) = \frac{1}{m\times l}\sum_{i=1}^{m}\sum_{j=1}^{l}\xi(t) \tag{3–6}$$

式中，$C(t)$为两系统的耦合度，其余各指标含义同上。

3.3　结果与讨论

3.3.1　城市化综合发展与水资源可持续利用耦合的关键影响因素识别

（1）城市化综合发展对水资源可持续利用的关键影响因素识别

将关联度矩阵按行求平均值（对X序列求平均值），得出城市化综合发展对水资源可持续利用的影响因素，根据其大小可识别城市化综合发展对水资源可持续利用的关键影响因素（表 3-2）。

表 3-2　福建省城市化综合发展对水资源可持续利用影响因子矩阵

驱动力	压力	状态	响应
城市化综合发展（0.7987）	人口城市化（0.7939）	人口规模（0.8082）	年末总人口（0.8126）
			非农人口（0.8027）
		人口结构（0.8165）	非农人口比重（0.8024）
			第三产业从业人口比重（0.8306）
		人口变动（0.7569）	人口增长率（0.7677）
			非农人口比重增长率（0.7462）
	经济城市化（0.7996）	经济规模（0.7760）	GDP（0.7812）
			工业产值（0.7713）
			第三产业产值（0.7757）
		经济结构（0.8316）	工业产值占 GDP 的比重（0.8329）
			第三产业产值占 GDP 的比重（0.8303）
		经济增长（0.8132）	GDP 增长率（0.8159）
			工业产值增长率（0.8040 ）
			第三产业产值增长率（0.8197）
		经济效益（0.7776）	人均 GDP（0.7830）
			人均工业产值（0.7773 ）
			人均第三产业产值（0.7726）
	社会城市化（0.8039）	生活质量（0.8041）	城镇居民可支配收入（0.8031）
			城镇居民可消费支出（0.8050）
		基础设施（0.8158）	人均城市道路面积（0.8149）
			万人拥有医生数（0.8111）
			万人拥有公交车辆数（0.7982）
			城市用水普及率（0.8391）
		科技文化（0.7920）	科教经费投入比例（0.8268）
			万人拥有大学生数（0.7743）
			每百人公共图书馆藏书量（0.7748）
	空间城市化（0.7974）	空间规模（0.7873）	建成区面积（0.7892）
			城市建设用地面积（0.7853）
		空间密度（0.8075）	城市建设用地占市区面积比重（0.8075）
			市辖区人口密度（0.8268）

由表 3-2 可知，在驱动力层面上，城市化综合发展对水资源环境开发利用的综合关联度为 0.7987，说明城市化综合发展与资源开发利用关系紧密。城市化的快速发展进程对水资源的合理配置、开发利用需求日益增大，在合理的城市化规划下，城市化的健康发展可以促进水资源的合理配置与可持续利用，而过于快速的城市化进程也会对水资源的需求过于旺盛，超过水资源的合理开发限度，胁迫水资源环境系统。

在压力层面上，社会城市化（0.8039）和经济城市化（0.7996）相较人口城市化（0.7939）和空间城市化（0.7974）与水资源系统的关联度更大，说明社会城市化和经济城市化是影响水资源可持续利用的关键因素。该结果一方面反映了社会城市化和经济城市化更能代表城市化进程指标；另一方面反映了城市化进程在社会和经济方面的发展与水资源系统关系密切，即一个区域的城市化程度较高，势必在经济上发展较快，必将革新耗水产业，大力发展节水技术，在社会生活方面对水资源的合理配置要求也较高。从另一侧面也反映了福建省经济城市化仍处于资源依赖型阶段，对水资源环境的胁迫作用比较明显。

在状态层面上，经济结构（0.8316）、生活质量（0.8041）、基础设施（0.8158）、人口结构（0.8165）、人口规模（0.8082）与水资源系统的关联度较大，是影响水资源的关键因素。这进一步证明了经济城市化、社会城市化和人口城市化对水资源需求的影响。

在响应层面上，如表 3–3 所示，是以时间截面为数据源，求得的不同城市城市化响应指标对水资源的影响因子。有下画线的数字为每个城市的较大值（排名前五），灰色阴影的为平均值较大者（排名前五）。从表 3–3 中可以看出，第三产业产值占 GDP 的比重、年末总人口、第三产业从业人口比重、工业产值占 GDP 的比重、城市用水普及率在每个城市中较大值出现的概率较高且最终均值较大。

如表 3–4 所示，是以空间截面为数据源，求得的不同年度城市化响应指标对水资源的影响因子。有下画线的数字为每个年度的较大值（排名前五），灰色阴影的为平均值较大者（排名前五）。从表 3–4 中可以看出，第三产业产值占 GDP 的比重、城镇居民人均可支配收入、城市用水普及率、城镇居民人均消费支出、非农人口比重在每个年度中较大值出现的概率较高且最终均值较大。

综合空间和时间两个维度，并结合表 3–2 可以得出第三产业产值占 GDP 的比重、城市用水普及率、工业产值占 GDP 的比重、第三产业从业人口比重、城镇居民人均可支配收入、年末总人口、城镇居民人均消费支出、非农人口比重和第三产业产值增长率是福建省城市化综合发展对水资源可持续利用的关键影响因素。

综上所述，对于城市发展，工业和第三产业的发展是关键，反映城镇生活质量和基础设施的城镇居民人均可支配收入、城镇居民人均消费支出和城市用水普及率的社会城市化指标既表明了社会城市化的重要性，也表明了该系列指标对水资源可持续利用的影响。人们生活水平的提高对水资源的开发利用及合理配置提出了更高的要求。年末总人口和非农人口比重等人口城市化因素也对水资源的合理开发利用产生一定的压力。

表 3-3　城市化综合发展对水资源可持续利用响应层面的影响因素（时间截面）

响应指标	福州市	厦门市	莆田市	三明市	泉州市	漳州市	南平市	龙岩市	宁德市	均值
年末总人口	0.8414	0.7997	0.8583	0.8797	0.8601	0.8871	0.8996	0.8602	0.8387	0.8583
非农人口	0.7800	0.7287	0.7656	0.8500	0.7699	0.8589	0.8993	0.8260	0.7997	0.8087
非农人口比重	0.8069	0.8323	0.7589	0.8475	0.7989	0.8641	0.8992	0.8207	0.7930	0.8246
第三产业从业人口比重	0.8369	0.8464	0.8529	0.8764	0.8523	0.8857	0.8996	0.8587	0.8376	0.8607
人口增长率	0.8030	0.7770	0.7693	0.7160	0.8027	0.8696	0.8942	0.7533	0.7249	0.7900
非农人口比重增长率	0.7771	0.7635	0.7827	0.7420	0.7876	0.7685	0.7614	0.7852	0.7378	0.7673
GDP	0.7104	0.7046	0.7277	0.7677	0.7900	0.8466	0.8974	0.7504	0.7561	0.7723
工业产值	0.7346	0.7303	0.7097	0.7348	0.7755	0.8336	0.8971	0.7217	0.7194	0.7619
第三产业产值	0.6781	0.6711	0.7157	0.7606	0.7958	0.8436	0.8976	0.7526	0.7564	0.7635
工业产值占 GDP 的比重	0.8407	0.8482	0.8589	0.8727	0.8606	0.8866	0.8996	0.8563	0.8352	0.8621
第三产业产值占 GDP 的比重	0.8405	0.8455	0.8587	0.8778	0.8595	0.8872	0.8996	0.8595	0.8384	0.8630
GDP 增长率	0.8123	0.8400	0.8484	0.8426	0.8503	0.8807	0.8991	0.7661	0.8252	0.8405
工业产值增长率	0.7533	0.8260	0.8438	0.8293	0.8510	0.8798	0.8992	0.8390	0.8198	0.8379
第三产业产值增长率	0.8047	0.8358	0.8535	0.8461	0.8530	0.8796	0.8996	0.8497	0.8259	0.8498
人均 GDP	0.7441	0.8206	0.7192	0.7616	0.8094	0.8527	0.8970	0.7415	0.7434	0.7877

续表

响应指标	福州市	厦门市	莆田市	三明市	泉州市	漳州市	南平市	龙岩市	宁德市	均值
人均工业产值	0.7667	0.8302	0.7022	0.7280	0.8027	0.8415	0.8967	0.7112	0.7047	0.7760
人均第三产业产值	0.7167	0.8059	0.7088	0.7544	0.8179	0.8504	0.8972	0.7434	0.7451	0.7822
城镇居民可支配收入	0.7476	0.7759	0.7924	0.8184	0.8125	0.8619	0.8983	0.7997	0.7893	0.8107
城镇居民可消费支出	0.7575	0.7864	0.8005	0.8210	0.8220	0.8616	0.8986	0.7978	0.7963	0.8158
人均城市道路面积	0.8178	0.8165	0.8392	0.8537	0.8075	0.8687	0.8993	0.8413	0.8007	0.8383
万人拥有医生数	0.8369	<u>0.8416</u>	0.8274	0.8656	0.8434	0.8811	0.8994	0.8531	0.8248	0.8526
万人拥有公交车辆数	0.8329	0.8317	0.8403	0.8642	0.8512	0.8800	<u>0.8996</u>	<u>0.8560</u>	0.8344	0.8545
城市用水普及率	<u>0.8414</u>	<u>0.8476</u>	<u>0.8592</u>	0.8700	<u>0.8607</u>	<u>0.8868</u>	<u>0.8996</u>	<u>0.8585</u>	<u>0.8371</u>	0.8623
科教经费投入比例	0.8334	0.8382	0.8516	0.8611	<u>0.8596</u>	0.8843	0.8995	0.8440	0.8341	0.8562
万人拥有大学生数	0.7805	0.7868	0.7792	0.7923	0.8011	0.8034	0.8968	0.7867	0.7708	0.7997
每百人公共图书馆藏书量	0.7894	0.7956	0.7950	0.8211	0.7684	0.8459	0.8990	0.8038	0.8123	0.8145
建成区面积	0.7910	0.7785	0.8253	0.8574	0.8042	0.8713	0.8992	0.8452	0.7982	0.8300
城市建设用地面积	0.7908	0.7771	0.8130	0.8494	0.7936	0.8693	0.8989	0.8453	0.7836	0.8246
城市建设用地占市区面积比重	0.8357	0.7046	0.8368	0.8273	0.8141	0.8684	0.8992	0.8269	0.7114	0.8138
市辖区人口密度	<u>0.8396</u>	0.8314	0.8117	<u>0.8761</u>	0.8561	<u>0.8865</u>	0.8993	0.8391	0.8340	0.8526

表 3-4　城市化综合发展对水资源可持续利用响应层面的影响因子（空间截面）

响应指标	2001 年	2002 年	2003 年	2004 年	2005 年	2006 年	2007 年	2008 年	2009 年	2010 年	2011 年	2012 年	2013 年	2014 年	2015 年	2016 年	2017 年	2018 年	2019 年	均值
年末总人口	0.6745	0.7012	0.6877	0.6769	0.7091	0.6835	0.7477	0.9917	0.7961	0.6782	0.8230	0.9626	0.6848	0.7419	0.7012	0.7748	0.7451	0.9045	0.9255	0.7689
非农人口	0.7681	0.7621	0.7520	0.7448	0.7784	0.7387	0.7813	0.9917	0.8262	0.7091	0.8206	0.9614	0.6992	0.7485	0.7173	0.7876	0.7595	0.8843	0.9065	0.7967
非农人口比重	0.7057	0.7312	0.7151	0.7274	0.7318	0.6973	0.7526	0.9904	0.8119	0.6870	0.8093	0.9576	0.6999	0.7446	0.7196	0.7789	0.7376	0.9018	0.9225	0.7801
第三产业从业人口比重	0.7646	0.7698	0.7617	0.7581	0.7682	0.7301	0.7658	0.9909	0.8179	0.6934	0.8127	0.9588	0.7168	0.7586	0.7383	0.7897	0.7535	0.9206	0.9395	0.8005
人口增长率	0.6906	0.7030	0.6789	0.6926	0.6914	0.6555	0.7187	0.9894	0.8157	0.6295	0.7981	0.9579	0.6649	0.7080	0.7106	0.7686	0.7048	0.8321	0.7508	0.7453
非农人口比重增长率	0.7300	0.6750	0.7183	0.7287	0.7622	0.6702	0.6883	0.5801	0.6810	0.7216	0.6459	0.6932	0.6908	0.7624	0.6831	0.7491	0.7476	0.9138	0.9351	0.7251
GDP	0.7547	0.7591	0.7476	0.7518	0.7505	0.7182	0.7726	0.9913	0.8219	0.6977	0.8194	0.9611	0.6899	0.7439	0.7146	0.7873	0.7549	0.8750	0.8992	0.7900
工业产值	0.7433	0.7498	0.7355	0.7498	0.7420	0.7081	0.7658	0.9912	0.8122	0.6852	0.8185	0.9613	0.6777	0.7337	0.7047	0.7766	0.7390	0.8547	0.8837	0.7807
第三产业产值	0.7509	0.7589	0.7478	0.7495	0.7456	0.7160	0.7688	0.9909	0.8206	0.7018	0.8172	0.9594	0.6987	0.7477	0.7175	0.7815	0.7600	0.8530	0.8833	0.7878
工业产值占 GDP 的比重	0.7527	0.7558	0.7421	0.7590	0.7661	0.7398	0.7819	0.9914	0.8310	0.7227	0.8252	0.9621	0.7193	0.7621	0.7378	0.7930	0.7650	0.9254	0.9388	0.8037
第三产业产值占 GDP 的比重	0.7557	0.7708	0.7663	0.7717	0.7665	0.7283	0.7711	0.9909	0.8199	0.7047	0.8144	0.9584	0.7054	0.7428	0.7189	0.7783	0.7559	0.9087	0.9272	0.7977
GDP 增长率	0.7433	0.7199	0.7424	0.7730	0.6490	0.7515	0.7863	0.9917	0.8249	0.7187	0.8222	0.9612	0.6884	0.7586	0.6973	0.7849	0.7638	0.9287	0.9296	0.7913
工业产值增长率	0.7531	0.7014	0.7372	0.7610	0.6417	0.7322	0.7750	0.9918	0.6199	0.7122	0.8210	0.9607	0.7102	0.6842	0.7019	0.6977	0.7564	0.9288	0.9454	0.7701
第三产业产值增长率	0.7677	0.7709	0.7589	0.7661	0.6307	0.7201	0.7832	0.9916	0.8271	0.6897	0.8170	0.9598	0.7401	0.7629	0.6687	0.7899	0.7039	0.9296	0.9250	0.7896

续表

响应指标	2001 年	2002 年	2003 年	2004 年	2005 年	2006 年	2007 年	2008 年	2009 年	2010 年	2011 年	2012 年	2013 年	2014 年	2015 年	2016 年	2017 年	2018 年	2019 年	均值
人均 GDP	0.7098	0.7179	0.7139	0.7281	0.7148	0.6817	0.7430	0.9900	0.8037	0.6936	0.8105	0.9577	0.7069	0.7475	0.7284	0.7826	0.7406	0.8977	0.9186	0.7783
人均工业产值	0.7062	0.7143	0.6938	0.7069	0.7111	0.6819	0.7448	0.9901	0.8109	0.7071	0.8154	0.9590	0.7170	0.7540	0.7287	0.7885	0.7573	0.8914	0.9157	0.7786
人均第三产业产值	0.7073	0.7192	0.7019	0.7150	0.7075	0.6707	0.7347	0.9897	0.7943	0.6729	0.8019	0.9552	0.6666	0.7173	0.6912	0.7570	0.7264	0.8725	0.8974	0.7631
城镇居民可支配收入	0.7389	0.7551	0.7447	0.7602	0.7592	0.7261	0.7691	0.9909	0.8222	0.7096	0.8159	0.9590	0.7197	0.7561	0.7398	0.7861	0.7459	0.8982	0.9181	0.7955
城镇居民可消费支出	0.7363	0.7548	0.7461	0.7595	0.7583	0.7156	0.7650	0.9908	0.8203	0.7050	0.8154	0.9588	0.7173	0.7562	0.7368	0.7821	0.7460	0.9045	0.9231	0.7943
人均城市道路面积	0.7284	0.7396	0.7375	0.7434	0.7614	0.7323	0.7638	0.9908	0.8185	0.7019	0.8202	0.9607	0.7260	0.7715	0.7564	0.7301	0.6876	0.9280	0.9389	0.7914
万人拥有医生数	0.7081	0.7207	0.7291	0.7173	0.7055	0.6570	0.7317	0.9894	0.7889	0.6553	0.7926	0.9532	0.6874	0.7385	0.7197	0.7765	0.7300	0.9020	0.9179	0.7695
万人拥有公交车辆数	0.7106	0.7192	0.6995	0.7152	0.7036	0.6696	0.7384	0.9899	0.7943	0.6628	0.7974	0.9541	0.6583	0.7159	0.6890	0.7156	0.6761	0.7213	0.7662	0.7419
城市用水普及率	0.7641	0.7725	0.7658	0.7715	0.7906	0.7590	0.7860	0.9914	0.8322	0.7322	0.8251	0.9613	0.7540	0.7802	0.7704	0.8035	0.7703	0.9281	0.9423	0.8158
科教经费投入比例	0.7662	0.7686	0.7109	0.7198	0.7262	0.7074	0.7807	0.9913	0.8278	0.7051	0.8259	0.9615	0.7217	0.7688	0.7404	0.7931	0.7714	0.9256	0.9370	0.7973
万人拥有大学生数	0.6879	0.7037	0.6818	0.7020	0.6964	0.6569	0.7229	0.9890	0.7821	0.6451	0.7876	0.9515	0.6483	0.7040	0.6595	0.7468	0.7076	0.8517	0.9033	0.7489
每百人公共图书馆藏书量	0.6912	0.7056	0.6868	0.7032	0.6925	0.6518	0.7223	0.9890	0.7803	0.6419	0.7860	0.9508	0.6489	0.7024	0.6776	0.7683	0.6881	0.7410	0.7405	0.7352
建成区面积	0.7153	0.7253	0.7162	0.7276	0.7189	0.6931	0.7382	0.9897	0.7944	0.6762	0.8085	0.9556	0.6820	0.7237	0.6947	0.7532	0.7046	0.6714	0.7306	0.7484
城市建设用地面积	0.7134	0.7234	0.7109	0.7247	0.7167	0.6892	0.7417	0.9898	0.8087	0.6658	0.8011	0.9561	0.6880	0.7260	0.6837	0.7451	0.7051	0.6606	0.7249	0.7460
城市建设用地占市区面积比重	0.7585	0.7736	0.7611	0.7553	0.7687	0.7357	0.7856	0.9914	0.8112	0.7281	0.8228	0.9616	0.7070	0.7557	0.7455	0.7991	0.7625	0.8868	0.9131	0.8012
市辖区人口密度	0.7543	0.7614	0.7539	0.7461	0.7664	0.7347	0.7802	0.9915	0.8188	0.7028	0.8248	0.9614	0.7504	0.7787	0.7566	0.7988	0.7480	0.8858	0.9041	0.8010

（2）水资源可持续利用对城市化综合发展的关键影响因素识别

将关联度矩阵按列求平均值，得出水资源环境对城市化的影响因素，根据其大小可识别水资源环境对城市化的关键影响因素（表 3-5）。

表 3-5　福建省水资源可持续利用对城市化综合发展的影响因子矩阵

驱动力	压力	状态	响应
水资源可持续利用（0.8017）	水资源本底压力（0.8142）	人均资源（0.7891）	人均水资源量（0.7785）
			人均综合用水量（0.7996）
		资源丰度（0.8392）	年降水量（0.8431）
			产水模数（0.8354）
	水资源环境压力（0.7885）	环境负荷（0.7891）	工业废水排放量（0.7919）
			城镇生活污水排放量（0.8239）
			农村生活污水排放量（0.7516）
		资源利用（0.7878）	全年供水量（0.7633）
			水资源开发利用率（0.8556）
			工业用水量（0.7757）
			农业用水量（0.7566）
	水资源环境治理压力（0.8025）	环境治理（0.8185）	城镇污水处理率（0.8310）
			工业废水排放达标率（0.8510）
			工业污染治理投资（0.7734）
		资源利用效益（0.7865）	万元 GDP 用水（0.7618）
			万元工业增加值用水（0.7507）
			农田灌溉亩均用水（0.8471）

由表 3-5 可知，在驱动力层面上，水资源可持续利用对城市化发展的综

合关联度为 0.8017，说明水资源可持续利用与城市化综合发展关系密切。水资源的可持续开发利用对城市化的快速健康发展起到支持和促进作用，但如果城市化的进程与水资源的合理开发利用不协调，导致水资源紧缺，缺水又会阻碍城市化的有序进程。

在压力层面上，水资源环境压力（0.7885）与城市化系统的关联度最大，既说明水资源环境压力是影响城市化综合发展的关键因素，也说明城市化的快速进程导致了用水耗水带来的水量缺水和水质污染带来的水质缺水两方面的水资源压力。水资源环境治理压力（0.8025）与城市化系统的关联度次之，反映了城市化的发展推动着社会进步，进一步推动着环境治理能力的提升，城市化进程与水资源环境治理能力相辅相成，既说明城市化的提高对社会环境治理能力的要求进一步提高，又带来了压力。

在状态层面上，资源利用（0.7878）、资源丰度（0.8392）、环境负荷（0.7891）、环境治理（0.8185）与城市化的关联度较大，是影响城市化综合发展的关键因素。这进一步证明了水资源的丰度、开发程度及利用、环境污染物的排放与治理对城市化起到了支持与阻碍作用。

在响应层面上，如表 3-6 所示，是以时间截面为数据源，求得不同城市水资源响应指标对城市化综合发展的影响因子。有下画线的数字为每个城市的较大值（排名前五），灰色阴影的为平均值较大者（排名前五）。从表 3-6 中可以看出，工业废水排放达标率、全年供水量、工业废水排放量、人均综合用水量、年降水量相应的值较大，在每个城市中出现的概率较高。

如表 3-7 所示，是以空间截面为数据源，求得的不同年度水资源响应指标对城市化的影响因子。有下画线的数字为每个年度的较大值（排名前五），灰色阴影的为平均值较大者（排名前五）。从表 3-7 中可以看出，城镇生活污水排放量、全年供水量、农村生活污水排放量、城镇污水处理率、水资源开发利用率相应的值较大，在每个年度里出现的概率高。

综合空间和时间两个维度，并结合表 3-5，可以得出全年供水量、工业废水排放达标率、水资源开发利用率、城镇生活污水排放量、农村生活污水排放量是福建省水资源利用对城市化综合发展的关键影响因素。

综上所述，对于水资源的开发利用，既满足了城镇对水资源量的需求，又提高了开发利用率，而对于工业废水和生活污水的排放和处理密切影响着资源环境的可持续发展。另外，还体现了资源的丰度及开采利用率，水环境的污染物排放及治理决定了一个城镇是否健康和谐发展，反过来，城市化的快速进程又制约着水资源的合理配置和利用及水环境的有效治理。

表 3-6　水资源可持续利用对城市化综合发展响应层面的影响因素（时间截面）

响应指标	福州市	厦门市	莆田市	三明市	泉州市	漳州市	南平市	龙岩市	宁德市	均值
人均水资源量	0.7956	0.7955	0.8087	0.8167	0.8261	0.8648	0.8940	0.8247	0.8173	0.8270
人均综合用水量	0.8133	0.8047	0.8122	0.8218	0.8280	0.8676	0.8941	0.8269	0.8231	0.8324
年降水量	0.8024	0.8081	0.8102	0.8272	0.8289	0.8289	0.8941	0.8248	0.8194	0.8271
产水模数	0.7967	0.8079	0.8089	0.8196	0.8264	0.8649	0.8940	0.8225	0.8166	0.8286
工业废水排放量	0.8090	0.7219	0.8112	0.8209	0.8310	0.8671	0.8941	0.8304	0.7178	0.8115
城镇生活污水排放量	0.7916	0.7763	0.7689	0.8408	0.7853	0.8678	0.8942	0.8307	0.8128	0.8187
农村生活污水排放量	0.7788	0.8035	0.8003	0.8188	0.8192	0.8619	0.8939	0.8125	0.8079	0.8219
全年供水量	0.8139	0.8178	0.8120	0.8263	0.8346	0.8674	0.8941	0.8047	0.8219	0.8325
水资源开发利用率	0.8015	0.8422	0.8094	0.8314	0.8293	0.8670	0.8940	0.8235	0.8211	0.8355
工业用水量	0.7812	0.8199	0.7807	0.8214	0.8156	0.8700	0.8942	0.8269	0.7939	0.8226
农业用水量	0.7946	0.7968	0.8173	0.8265	0.8248	0.8636	0.8940	0.8235	0.8155	0.8285
城镇污水处理率	0.8128	0.8231	0.8086	0.8196	0.8239	0.8675	0.8941	0.6362	0.5569	0.7825
工业废水排放达标率	0.8021	0.8136	0.8119	0.8333	0.8305	0.8672	0.8942	0.8257	0.8206	0.8332
工业污染治理投资	0.7398	0.7341	0.7519	0.8155	0.8231	0.8615	0.8938	0.8223	0.7890	0.8034
万元 GDP 用水	0.7784	0.7803	0.7934	0.8028	0.8164	0.8576	0.8937	0.8017	0.7992	0.8137
万元工业增加值用水	0.7449	0.7984	0.7915	0.8091	0.7923	0.8597	0.8938	0.8100	0.8007	0.8112
农田灌溉亩均用水	0.7970	0.8095	0.8066	0.8253	0.8227	0.8641	0.8940	0.8189	0.8122	0.8278

表 3-7　水资源可持续利用对城市化综合发展响应层面的影响因素（空间截面）

响应指标	2001 年	2002 年	2003 年	2004 年	2005 年	2006 年	2007 年	2008 年	2009 年	2010 年	2011 年	2012 年	2013 年	2014 年	2015 年	2016 年	2017 年	2018 年	2019 年	均值
人均水资源量	0.6777	0.6863	0.6886	0.6900	0.7300	0.6998	0.6636	0.9789	0.7510	0.6709	0.6663	0.9209	0.6757	0.6784	0.6678	0.6523	0.6379	0.8604	0.8741	0.7300
人均综合用水量	0.7989	0.7812	0.7618	0.7665	0.7172	0.6895	0.8117	0.9829	0.8130	0.6666	0.7562	0.9634	0.6298	0.6319	0.7290	0.6543	0.6538	0.8705	0.8916	0.7668
年降水量	0.8617	0.8644	0.8457	0.8582	0.7968	0.7829	0.8974	0.9843	0.8981	0.7200	0.9432	0.9815	0.7562	0.8550	0.7790	0.8762	0.8022	0.9044	0.9159	0.8591
产水模数	0.7401	0.8524	0.8350	0.8608	0.7949	0.7609	0.8858	0.9843	0.8926	0.6955	0.9014	0.9801	0.7302	0.8305	0.7781	0.8734	0.7904	0.9004	0.9148	0.8422
工业废水排放量	0.6685	0.6677	0.6606	0.6585	0.6740	0.6355	0.6430	0.9501	0.6870	0.6566	0.8684	0.9827	0.8055	0.8786	0.8001	0.8964	0.8495	0.8301	0.8599	0.7722
城镇生活污水排放量	0.8429	0.7852	0.7558	0.7245	0.7603	0.7568	0.8512	0.9836	0.8649	0.7540	0.9427	0.9785	0.7472	0.8265	0.7458	0.8467	0.8129	0.8753	0.8985	0.8291
农村生活污水排放量	0.5986	0.6005	0.6174	0.6117	0.6061	0.6008	0.5989	0.9674	0.7961	0.6001	0.6465	0.9181	0.5964	0.5948	0.6024	0.6093	0.6031	0.8775	0.9006	0.6814
全年供水量	0.6014	0.6108	0.6174	0.6202	0.6268	0.6217	0.6173	0.9749	0.6755	0.6066	0.7804	0.9351	0.6220	0.6281	0.6269	0.6240	0.6183	0.8779	0.9015	0.6940
水资源开发利用率	0.8847	0.8852	0.8745	0.8713	0.8236	0.8400	0.9111	0.9845	0.9194	0.7928	0.9382	0.9817	0.7867	0.8763	0.8167	0.8863	0.8518	0.8630	0.8517	0.8758
工业用水量	0.6570	0.7015	0.7059	0.7158	0.6870	0.6903	0.6947	0.9715	0.7071	0.6535	0.7452	0.9067	0.6656	0.6674	0.6661	0.6430	0.6566	0.8425	0.8708	0.7288
农业用水量	0.5874	0.6291	0.6155	0.6101	0.6499	0.6070	0.6081	0.9682	0.6769	0.5827	0.5841	0.8955	0.5823	0.5846	0.5979	0.8927	0.5961	0.8602	0.8826	0.6848
城镇污水处理率	0.8835	0.8882	0.8775	0.8676	0.8134	0.8066	0.9049	0.9843	0.9167	0.8032	0.9490	0.9826	0.7935	0.8713	0.8004	0.8875	0.8585	0.9021	0.9202	0.8795
工业废水排放达标率	0.8633	0.8681	0.8529	0.8497	0.7961	0.7935	0.9016	0.9844	0.9066	0.7650	0.9472	0.9821	0.7781	0.8695	0.7930	0.8821	0.8536	0.9022	0.9189	0.8688
工业污染治理投资	0.5798	0.5650	0.5716	0.5666	0.7658	0.6390	0.7251	0.9744	0.7752	0.7623	0.8313	0.8848	0.7313	0.7533	0.7313	0.7572	0.8439	0.8188	0.8491	0.7435
万元 GDP 用水	0.6856	0.6681	0.6555	0.6494	0.6905	0.6576	0.6480	0.9753	0.7299	0.6153	0.6159	0.9390	0.6308	0.6412	0.6420	0.6549	0.6504	0.8581	0.8807	0.7099
万元工业增加值用水	0.6656	0.6146	0.6023	0.7473	0.6390	0.6040	0.6001	0.9752	0.6985	0.6469	0.6595	0.9315	0.5848	0.5893	0.5928	0.6030	0.6033	0.8680	0.8895	0.6903
农田灌溉亩均用水	0.8424	0.8573	0.8410	0.8590	0.7996	0.8002	0.9052	0.9844	0.9114	0.7704	0.9470	0.9821	0.7758	0.8579	0.7854	0.8870	0.8490	0.8943	0.9117	0.8664

3.3.2 城市化综合发展与水资源可持续利用耦合度时空分异

城市化与水资源环境的相互关系不仅表现在不同层次和层面上（驱动力、压力、状态、响应）的交互作用和影响，在时间和空间上还有一定的规律和特征，呈现时间和空间上的耦合特征及阶段变化。

（1）城市化综合发展与水资源可持续利用耦合度的时间变化趋势

以历年福建省各城市的相应指标值为截面数据源，根据式（3-6）求得福建省2001—2019年城市化与水资源环境的时间耦合度（图3-2），从长时间序列上看，城市化与水资源二者的耦合度作用有减弱趋势。总体来看，耦合度呈现此消彼长的波动性变化趋势。从时间上看，城市化与水资源的耦合度呈波动趋势。

2001—2007年，城市化与水资源的耦合作用呈稳定状态；2007—2012年，耦合作用增强；2012—2017年，耦合作用减弱；2017—2019年，耦合作用增强。

由此看来，城市化与水资源之间相互促进、相互制约，城市化快速发展的同时，政府部门也展开对水资源的调控，并取得了显著成效，从2012年以后，耦合度明显降低。耦合度随着时间的动态变化相应的证明了城市化与水资源的相互促进与制约关系，也进一步说明随着城市化进程的加快，有关政府部门必须实施相应调控政策、大力发展节水产业，提高用水效益和水污染治理能力，慢慢削弱城市化与水资源之间的相互作用。

2001—2004年，福建省的城市化进程加快，对水资源的需求也就显著提高。

2004—2008年，有关社会与政府部门意识到了过度的城市化进程及较快的经济发展带来的资源环境的破坏与几近枯竭，实施了响应的调控政策，如九龙江流域的生态破坏整治、闽江流域的北水南调等工作，缓解了水资源与城市化之间的矛盾与张力。

2008—2012年，快速城市化依旧如火如荼地展开，造成了其与水资源之间的紧张关系有所反弹。

从2012年以后，耦合度显著降低，说明了政府调控措施的有效展开，及时地调解了城市化扩张与生态资源之间的矛盾。

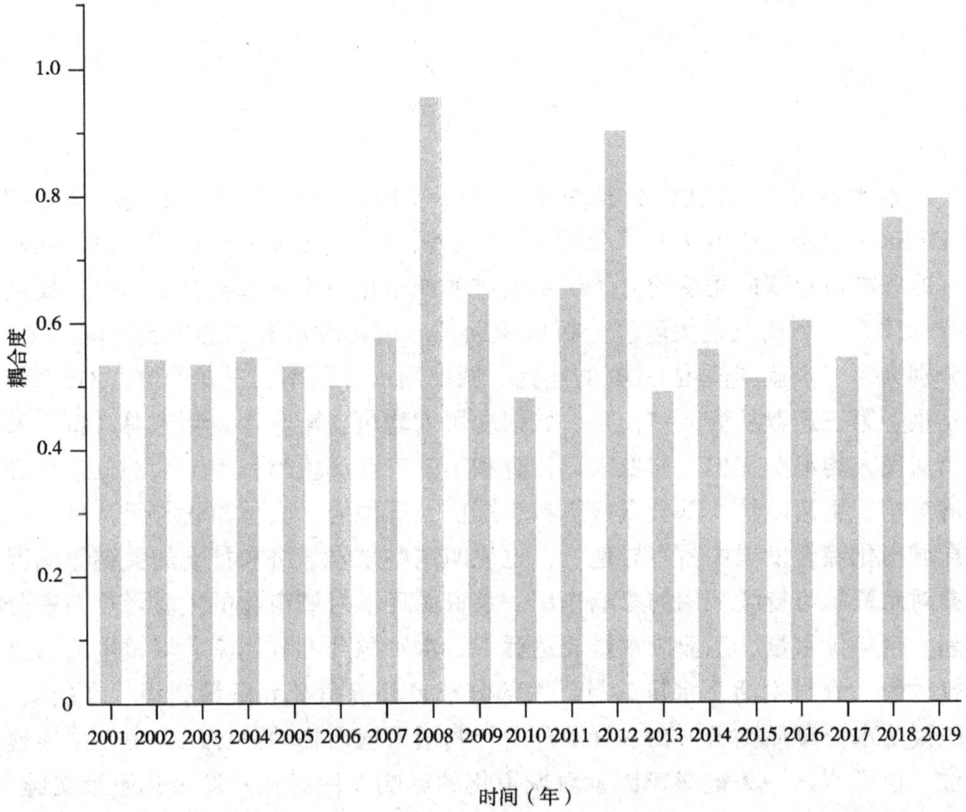

图 3-2　福建省城市化综合发展与水资源可持续利用耦合度的时序变化

（2）城市化综合发展与水资源可持续利用耦合度的空间分异

以福建省各城市历年的相应指标值为截面数据源，根据公式（3-6）求得福建省城市化与水资源环境的空间耦合度，按各城市城市化综合发展与水资源可持续利用的耦合度排序为南平市（0.7992）＞漳州市（0.7455）＞三明市（0.6760）＞泉州市（0.6741）＞龙岩市（0.6557）＞莆田市（0.6403）＞厦门市（0.6356）＞福州市（0.6263）＞宁德市（0.6256）。可将福建省各市的耦合情况在空间上分成三类，南平市、漳州市、三明市的耦合度较高（0.6760 ～ 0.7992），泉州市、龙岩市、莆田市的耦合度次之（0.6403 ～ 0.6741），厦门市、福州市、宁德市的耦合度最低（0.6256 ～ 0.6356）。在空间上表现为从北至南中心城市高，边缘城市低，内陆高于沿海，经济发展迟缓的城市高于经济发达城市的特点。该结论说明了福建省某些耦合度较高的城市可能存在水资源约束力。

3.4 结论

本章根据我国统计数据特点，基于“驱动力—压力—状态—响应”（DPSR）模型，采取了专家分析法、公众调查法、主成分分析等方法，从水资源和城市化双向角度建立了层层递进的城市化与水资源耦合的 DPSR 反馈指标体系。利用灰色关联度分析法识别了城市化对水资源的主要影响因素，分别为第三产业产值占 GDP 的比重、城市用水普及率、工业产值占 GDP 的比重、第三产业从业人口比重、城镇居民人均可支配收入、年末总人口、城镇居民人均消费支出、非农人口比重和第三产业产值增长率，大部分来自经济结构、生活质量、基础设施等状态层次，既说明社会城市化与经济城市化在城市化综合发展中占主导地位，也说明这些来自经济和社会的关键影响因素对水资源可持续利用的影响作用。水资源环境对城市化的主要影响因素分别为全年供水量、工业废水排放达标率、水资源开发利用率、城镇生活污水排放量、农村生活污水排放量，大部分来自环境负荷和资源利用状态层次，既说明水资源环境压力在水资源开发与利用系统面临的总体压力中占主导地位，也说明这些关键影响因素对城市化的影响作用。在对城市化政策实施、城镇规划与进行水资源合理开发和配置的同时，应密切关注这些关键影响因素的变化，并做出相应反馈。

计算了福建省 2001—2019 年城市化与水资源环境的时间与空间耦合度，从长时间序列上看，城市化与水资源二者的耦合度作用有减弱趋势。总体来看，耦合度呈现此消彼长的波动性变化趋势。在空间上，按各城市城市化综合发展与水资源可持续利用的耦合度排序为：南平市（0.7992）＞漳州市（0.7455）＞三明市（0.6760）＞泉州市（0.6741）＞龙岩市（0.6557）＞莆田市（0.6403）＞厦门市（0.6356）＞福州市（0.6263）＞宁德市（0.6256），表现为从北至南中心城市高，边缘城市低，内陆高于沿海，经济发展迟缓的城市高于经济发达城市的特点。

研究表明，水资源环境与城市化水平之间存在倒“U”形曲线关系，在城市化水平未达到“拐点”之前，相应区域的水资源环境处于恶化状态，即城市化给水资源带来了压力，甚至产生了约束力，水资源环境与城市化系统的耦合作用也相应增强；当越过“拐点”之后其耦合作用开始减弱，耦合度减小，即理想的高城市化中耦合度或高城市化低耦合度。因此，对于中小城市如南平市、漳州市、三明市等，应进一步加快城市发展步伐，致力于节水行业的发展，提高单位用水产值，使水资源环境与城市化系统耦合关系早日越过“拐点”，达到水资源环境与城市化系统的理想协调程度。

第4章 福建省城市化综合发展与水资源可持续利用关系评判及水资源约束力识别

根据诺瑟姆理论（陈明星等，2011），城市化过程遵循“S”形曲线上升规律，水资源开发利用也遵循逻辑增长趋势，二者之间必然存在着较强的联系，这一点在第3章也得到了相应的证明。有学者认为，城市化和水资源之间关系大致经历四个阶段：低水平协调阶段、拮抗阶段、磨合阶段和高水平协调阶段（陈定贵等，2008）。不同的阶段，城市化与水资源关系表现为不同的特征，也需要采取不同的协调途径。因此，正确识别城市化与水资源关系所处的阶段，是研究特定时期和特定地域人水关系系统的前提条件。

鉴于单一的指标无法全面反映城市化综合发展与水资源利用的情况，以及福建省各地区用水情况与城市化水平的关系表明了可能存在水资源约束力，本章拟建立水资源与城市化多指标体系解决上述问题。水资源约束力是在水资源承载力的基础上提出来的，它是指在特定空间和时间范围内，由于水资源短缺对社会经济系统产生了约束作用，造成社会经济发展速度减慢，从而达不到区域发展的预期目标。关于水资源约束力的识别和计算有很多种方法，最常用就是利用用水总量与城市化水平建立对数关系（Bao and Fang，2007），其函数关系式的拟合系数的大小反映了水资源约束力的大小，但是仅用用水量和人口城市化水平两种单一指标求得的水资源约束力具有片面性。

因此，本章首先利用水资源的多指标体系进行水资源可持续利用潜力指数的计算来反映水资源的可持续利用情况；利用城市化的多指标体系进行城市化综合发展指数的计算来反映城市化水平。其次，通过水资源可持续利用潜力指数和城市化综合发展指数来识别和计算水资源约束力。最后，对福建省各城市地区水资源与城市化所处阶段做一识别，为福建省合理调控水资源，保持城市化可持续发展提供一定的意见和建议。研究结论也有助于拓展宏观增长经济学研究，为实现水—生态—社会经济系统的协调和持续发展提供决策依据。

4.1　数据处理与研究方法

水资源对城市化约束强度的综合测度模型就是在分别建立水资源系统综合测度指标体系和城市化系统综合测度指标体系的基础上，采用熵技术支持下的层次分析法（AHP）计算各级指标权重，采用模糊隶属度函数模型计算各具体指标的隶属度值，采用加权平均法分别计算出水资源可持续利用潜力指数和城市化综合发展指数，然后据此计算水资源对城市化的约束强度，并对水资源对城市化的约束强度进行分级。

4.1.1　数据来源与处理

利用第 3 章的城市化综合发展与水资源持续利用指标体系，相应地将驱动力层对应于总体层，压力层对应于标准层，状态层对应于准则层，响应层对应于指标层。利用福建省各地区 2001—2019 年的统计数据进行计算。本章的基本研究单位同样为城市区域，采用 2001—2019 年的《中国城市统计年鉴》及福建省及各市统计年鉴、《福建省水资源公报》作为主要数据源。

对于水资源和城市化系统，所涉及的具体指标有 47 个，指标的量纲不同，难以评价，有必要对各指标进行消除量纲的运算。考虑到指标体系中既有正向指标，又有逆向指标。指标间的正与负在很大程度上都具有模糊性，因此采用模糊隶属度函数法对各指标的价值进行无量纲化（Bao and Fang, 2009）。对于正向指标，采用半升模糊隶属度函数式（4−1）；对于逆向指标，采用半降模糊隶属度函数式（4−2）。

$$V_{ij}=\frac{x_j-\min\left(x_j\right)}{\max\left(x_j\right)-\min\left(x_j\right)} \tag{4-1}$$

$$V_{ij}=\frac{\max\left(x_j\right)-x_j}{\max\left(x_j\right)-\min\left(x_j\right)} \tag{4-2}$$

在实际数据处理过程中，为了克服高分太高，低分太低的弊端，也为了避免在对指标方案的最小值无量纲化值为零，无法求对数的缺点，采用科技部门广泛应用的功效系数法。公式（4−1）和公式（4−2）分别变为：

$$V_{ij} = \frac{x_j - \min(x_j)}{\max(x_j) - \min(x_j)} \times 0.4 + 0.6 \tag{4-3}$$

$$V_{ij} = \frac{\max(x_j) - x_j}{\max(x_j) - \min(x_j)} \times 0.4 + 0.6 \tag{4-4}$$

4.1.2　研究方法

本书首先采用层次分析法建立起城市化综合发展与水资源可持续利用分层次指标体系，通过专家问卷打分的方法，确立每层指标的权重，最终确立具体的指标对总体层的权重，但专家调查问卷带有某种程度的主观性，不能完全客观地判断每个指标的属性，因此采用熵技术对层次分析法确定的权系数进行修正。修正的权重确定后，计算各指标的模糊梯度隶属度，最终计算水资源可持续利用潜力指数和城市化综合发展指数。

（1）***层次分析法***（AHP）

层次分析法是美国运筹学家、匹兹堡大学教授 T.L.Saaty 提出的一种在处理复杂的评价（决策）问题中，进行方案比较排序的方法，其核心思想是把复杂的评价问题层次化，把评价的问题按评价目标、评价领域、评价指标的顺序分解为不同层次的结构（Xu，2002）。上一层元素对相邻的下一层次的全部或部分元素起到支配作用。然后通过求判断矩阵特征向量的办法，求得每一层的各元素对上一层某元素的权重，再利用加权和的方法递阶归并，求出最低层（评价指标）相对于最高层（评价总目标）的相对重要性，从而对最底层各元素进行优劣等级的排序。

AHP 的基本思想是：根据问题性质和要达到的目标，将问题按层次分解成各个组成因素；又将这些因素按支配关系分组形成有序的递阶层次结构；对同一层次内的因素，通过两两比较的方式确定诸因素之间的相对重要性；下一层次因素的重要性，既要考虑本层次，又要考虑到上一层次的权重因子；逐层计算，直至最后一层（一般是要比较的各个指标或方案）；比较各个指标（方案）的权重大小，进行排序、决策。

运用层次分析法进行系统分析时，可分为以下四个步骤进行：①分析系统中各因素之间的关系，建立系统的递阶层次结构；②对同一层次的各元素关于上一层中某一准则的重要性进行两两比较，构造两两比较的判断矩阵；

③由判断矩阵计算被比较元素对于该准则的相对权重；④计算各层元素对系统目标的合成权重，并进行排序。

相关参数的公式如下。

最大特征根 λ_{max}：

$$\lambda_{max} = 1/n\sum_{i=1}^{n}\frac{(Aw)_i}{W_i} \tag{4-5}$$

式中，$(Aw)_i$ 表示向量 Aw 的第 i 个分量；W_i 为权重向量。

一致性比例 CR（consistency ratio）：

$$CR = \frac{CI}{RI} \tag{4-6}$$

式中，CI 为一致性指标；RI 为平均随机一致性指标。

当 $CR < 0.1$ 时，认为判断矩阵的一致性是可以接受的；当 $CR \geqslant 0.1$ 时，应该对判断矩阵做适当修正。

层次分析法的优点是比较系统、简洁实用、所需定量数据信息较少，但因定性成分多，主观性强，不容易令人信服（Fang and Mao，1999）。

（2）**熵值法**

熵的概念源于热力学，是对系统状态不确定性的一种度量。在信息论中，信息是系统有序程度的一种度量，熵是对不确定性的一种度量。信息量越大，不确定性就越小，熵也就越小；信息量越小，不确定性越大，熵也越大。根据熵的特性，我们可以通过计算熵值来判断一个事件的随机性和无序程度，也可以用熵值来判断某个指标的离散程度，指标的离散程度越大，该指标对综合评价的影响越大。熵值法是根据已有数据来判断评价指标，比较客观，不仅可以用于任何评价问题中确定指标权重，而且可以剔除指标体系中对评价结果贡献不大的指标，但使用和解决问题范围受到限制。

现假设有 m 个待评方案 i，n 个评价指标 j，则有原始指标数据矩阵 $R=(r_{ij})_{m\times n}$，信息的不确定度：

$$P_{ij} = r_{ij} / \sum_{i=1}^{m} r_{ij} \tag{4-7}$$

式中，P_{ij} 表示 j 指标方案 i 的不确定度（即出现的概率）；r_{ij} 表示经归一化处理后 j 指标方案 i 下的值。

熵：

$$E=-\sum_{i=1}^{m}P_i\ln P_i \tag{4-8}$$

E 即表示 m 个方案的不确定度量。当各个信息发生的概率相等时，即 P_i=1/m，E 取值最大，此时熵最大。

$$E_{\max}=\ln m \tag{4-9}$$

对于某个指标r_j，有信息熵为：

$$E_j=-\sum_{i=1}^{m}P_{ij}\ln P_{ij}\rightarrow e_j=-\frac{1}{\ln m}\sum_{i=1}^{m}P_{ij}\ln p_{ij} \tag{4-10}$$

指标的信息熵（e_j）越大，表明其指标的变异程度越小，提供的信息量越小，在综合评价中起到的作用越小，则其信息权重也应越小。

信息权重的计算：

$$\omega_j=\left(1-e_j\right)/\sum_{j=1}^{n}\left(1-e_j\right) \tag{4-11}$$

（3）熵技术支持下的层次分析法

利用熵技术支持下的层次分析法解决问题克服了层次分析法的主观性问题和熵值法的使用范围较窄等缺点，可以比较客观准确地反映指标的重要度（Fang，2001）。具体方法为单个层次分析法的 AHP 权重和熵值法的信息权重之积，除以所有指标的 AHP 权重和信息权重之积的和，即将权重进行修正，修正后的权重称为熵化 AHP 权重。

$$w_i=\frac{w_{aj}w_{jj}}{\sum_{j=1}^{n}w_{aj}w_{jj}} \tag{4-12}$$

式中，w_i是采用熵技术支持下的 AHP 法求的指标权重，即熵化 AHP 权重；w_{aj}为 AHP 权重；w_{jj}为信息权重；j 为某指标；n 为指标数。

对水资源可持续利用系统以及城市化发展系统综合测度指标体系来说，都是由总体层（A）、标准层（O）、准则层（C）和指标层（P）组成，因此需要通过上述方法分别计算指标层对准则层的熵化 AHP 权重（w_i^p），准则层（w_i^c）对标准层的熵化AHP权重，标准层对总体层的熵化AHP权重（w_i^o），

则三者的乘积即为 j 指标相对总体层（最高层）的熵化权重（w_i^{pa}），用公式表示为：

$$w_i^{pa}=w_i^p w_i^c w_i^o \tag{4-13}$$

（4）水资源与城市化综合评价指数计算

区域城市化综合发展指数和水资源可持续利用潜力指数用以下公式计算：

$$F_a=\sum_{j=1}^{n} w_i^{pa}\times V_{ij} \tag{4-14}$$

式中，F_a为区域水资源可持续利用潜力指数或城市化综合发展指数；w_i^{pa}为指标层相对最高层（总体层）的熵化权重；n 代表指标体系里具体指标的个数；V_{ij}代表 i 方案 j 指标的隶属度 [隶属度的求算见公式（4-3）和公式（4-4）]，其值介于 0 ～ 1，其值越大，表明该项指标的实际数值接近最大值的程度越大，隶属度值与其相应权重的乘积越大，表明该项指标的数值对总目标的贡献就越大。

需要注意的是，本章中的方案可分为两种：第一种为各地区 2001—2012 每年的数据共 12 个方案（空间截面），第二种为各年度福州市、厦门市、莆田市、泉州市等 9 个地区的 9 个方案（时间截面）。j 个指标是分别指城市化 30 个响应指标，水资源 17 个响应指标。水资源可持续利用潜力指数和城市化综合发展指数最终值为两种计算类型加权求得的平均值。

（5）水资源约束强度的计算

水资源约束力的大小，用水资源约束强度（WRCI）来衡量。从理论上说，当水资源系统可持续利用潜力较大时，水资源对城市化的约束强度较小；而当水资源系统可持续利用潜力较小时，水资源系统对城市化的约束强度较大。另外，城市化的发展对水资源的利用也起到优化与胁迫作用。当城市化综合发展水平较高时，对水资源的优化能力较强，在一定程度上减轻了水资源约束强度；而当城市化综合发展水平较低时，对水资源的优化能力不强，因此对水资源产生胁迫作用，水资源约束力强度增大。因此，可以根据水资源可持续利用潜力指数和城市化综合发展指数一起判别水资源对城市化约束强度的大小，即

$$\mathrm{WRCI}=\alpha\times(1-F_w)+\beta\times(1-F_u) \tag{4-15}$$

式中，WRCI 为水资源对城市化的约束强度；F_w 为区域水资源可持续利用潜力指数；F_u 为区域城市化综合发展指数；α、β 为系统影响分担系数（α、β）。

该公式基本内涵为：F_w 和 F_u 分别反映水资源和城市化系统的健康状况，1 和它们的加权总和之差反映了整个水资源和城市化系统的不健康状况。当整个水资源和城市化系统表现越不健康时，水资源系统与城市化系统之间的矛盾更为激烈，则 WRCI 也越大（高翔，2009）。

通过专家咨询，在衡量水资源对城市化的约束强度时，一致认为水资源系统相对于城市化系统来说更加重要，因此赋值 α=0.60，β=0.40。

（6）水资源约束强度的分级

目前，国际上一般以 40% 作为水资源开发利用的警戒线，其基本内涵是流域至少应将 60% 的水资源留给生态环境系统，如果低于 60%，则社会经济用水挤占生态环境用水造成生态系统严重退化，而且生态系统退化又会反过来制约社会经济发展。一般地，当流域留存不到 30% 的水资源用于生态环境系统（水资源开发利用潜力综合指数小于 0.3）时，水资源系统对城市化过程的阻滞作用极强；当流域留存大于 70% 的水资源用于生态环境系统（水资源可持续利用潜力综合指数大于 0.7）时，水资源对城市化过程的约束力很小。因此，借鉴鲍超、方创琳和高翔等对水资源约束力的分级标准（Bao and Fang,2009；高翔,2009），将水资源约束强度分为四类，分别为弱约束、较强约束、强约束和极强约束（表 4-1）。

表 4-1　水资源约束强度分级标准

约束强度	WRCI	约束状况
弱约束	＜ 0.3	缺水对城市化进程影响很小，城市化速度与质量基本上不受缺水影响
较强约束	0.3 ～ 0.5	缺水对城市化进程影响较大，城市化速度与质量由于缺水而受到较大影响
强约束	0.5 ～ 0.7	缺水对城市化进程影响很大，对城市化速度与质量产生了重大影响
极强约束	＞ 0.7	缺水对城市化进程影响非常大，对城市化速度与质量产生了极为重大的影响

4.2 水资源可持续利用的测度

4.2.1 AHP 法确定各参评因子权重

（1）*层次结构模型*

建立层次结构模型（图 4-1），按照最高层（目标层）、若干中间层（标准层和准则层）和最低层（指标层）的形式排列起来。

（2）*模型计算*

根据该层次结构模型，通过构造 10 个判断矩阵，层次单排序，层次总排序及一致性检验等步骤，得到以下排序：

①总体层（A）—标准层（O）判断矩阵及层次排序，结果如附表 1-1 所示。

②标准层（O）—准则层（C）判断矩阵及层次单排序，结果如附表 1-2 ～附表 1-4 所示。

③标准层（C）—指标层（P）判断矩阵及层次单排序，结果如附表 1-5 ～附表 1-10 所示。

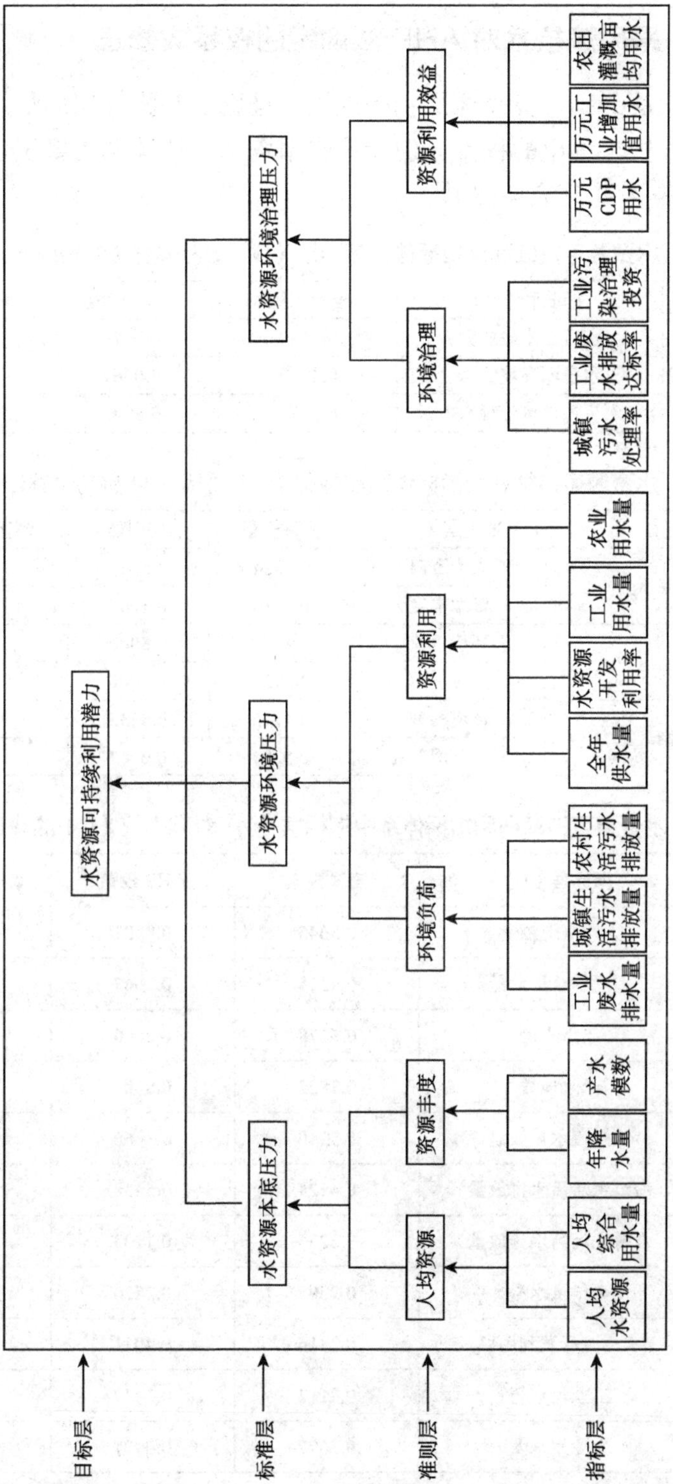

图 4-1　水资源可持续利用潜力指标体系

4.2.2 采用熵技术对 AHP 法确定的权系数修正

采用熵值法分别计算总体层、标准层、准则层和指标层的信息权重，然后结合层次分析法得出的权重分别计算出水资源可持续利用系统各层的熵化 AHP 权重（表 4-2 ～表 4-5）。

表 4-2 水资源可持续利用指标体系标准层（O）对总体层（A）的修正权重

总体层（A）	标准层（O）	信息权重	AHP 权重	熵化 AHP 权重
水资源可持续利用	水资源本底压力	0.2518	0.6194	0.5387
	水资源环境压力	0.4210	0.0964	0.1402
	水资源环境治理压力	0.3272	0.2842	0.3212

表 4-3 水资源可持续利用指标体系准则层（C）对标准层（O）的修正权重

标准层（O）	准则层（C）	信息权重	AHP 权重	熵化 AHP 权重
水资源本底压力	人均资源	0.5884	0.8333	0.8772
	资源丰度	0.4116	0.1667	0.1228
水资源环境压力	环境负荷	0.4864	0.8000	0.7911
	资源利用	0.5136	0.2000	0.2089
水资源环境治理压力	环境治理	0.4716	0.3333	0.3086
	资源利用效益	0.5284	0.6667	0.6914

表 4-4 水资源可持续利用指标体系中指标层（P）对准则层（C）的修正权重

准则层（C）	指标层（P）	信息权重	AHP 权重	熵化 AHP 权重
人均资源	人均水资源量	0.5645	0.8333	0.8663
	人均综合用水量	0.4355	0.1667	0.1337
资源丰度	年降水量	0.6178	0.2000	0.2878
	产水模数	0.3822	0.8000	0.7122
环境负荷	工业废水排放量	0.3240	0.3460	0.2929
	城镇生活污水排放量	0.4524	0.5438	0.6427
	农村生活污水排放量	0.2236	0.1103	0.0644
资源利用	全年供水量	0.2895	0.2720	0.3179
	水资源开发利用率	0.2316	0.4911	0.4592
	工业用水量	0.2112	0.1447	0.1234
	农业用水量	0.2677	0.0921	0.0995

续表

准则层（C）	指标层（P）	信息权重	AHP 权重	熵化 AHP 权重
环境治理	城镇污水处理率	0.3808	0.5934	0.6281
	工业废水排放达标率	0.3383	0.3412	0.3208
	工业污染治理投资	0.2809	0.0654	0.0511
资源利用效益	万元 GDP 用水	0.2775	0.2737	0.2828
	万元工业增加值用水	0.2350	0.6393	0.5594
	农田灌溉亩均用水	0.3399	0.0869	0.0894

表 4-5　水资源可持续利用指标体系中指标层（P）对总体层（A）的修正权重

总体层（A）	指标层（P）	指标性质	信息权重	AHP 权重	熵化 AHP 权重
水资源可持续利用	人均水资源量	正向	0.0836	0.4301	0.4094
	人均综合用水量	逆向	0.0645	0.0860	0.0632
	年降水量	正向	0.0640	0.0206	0.0190
	产水模数	正向	0.0396	0.0826	0.0471
	工业废水排放量	逆向	0.0663	0.0267	0.0325
	城镇生活污水排放量	逆向	0.0926	0.0419	0.0713
	农村生活污水排放量	逆向	0.0458	0.0085	0.0071
	全年供水量	逆向	0.0626	0.0052	0.0093
	水资源开发利用率	逆向	0.0501	0.0095	0.0134
	工业用水量	逆向	0.0457	0.0028	0.0036
	农业用水量	逆向	0.0579	0.0018	0.0029
	城镇污水处理率	正向	0.0588	0.0562	0.0622
	工业废水排放达标率	正向	0.0522	0.0323	0.0318
	工业污染治理投资	逆向	0.0434	0.0062	0.0051
	万元 GDP 用水	逆向	0.0480	0.0519	0.0628
	万元工业增加值用水	逆向	0.0406	0.1211	0.1242
	农田灌溉亩均用水	逆向	0.0843	0.0165	0.0350

4.2.3 采用模糊隶属度函数模型计算各具体指标的隶属度值

采用模糊隶属度函数模型对福建省各市水资源可持续利用综合指标体系进行量化，最终计算出各地区的水资源可持续利用潜力指数。

（1）福建省各地市水资源可持续利用潜力指数的时间变化趋势

从水资源可持续利用潜力指数的物理意义上看，数值为1，表明水资源系统可持续利用潜力很大；数值为0，表明100%水资源被过度开发利用，没有留水给生态环境系统，已无可持续利用潜力。由图4-2可知，从时间上看，福建省水资源可持续利用潜力指数上下波动较大（变化幅度0.5924～0.7137），总体上呈微弱增长趋势，特别是2015年、2017年增幅明显，这反映了福建省经过多年的努力，社会经济系统用水逐渐退水给生态环境系统，使得水资源可持续利用潜力综合指数2019年平均值高达0.6641，说明福建省有较高的可持续利用潜力。

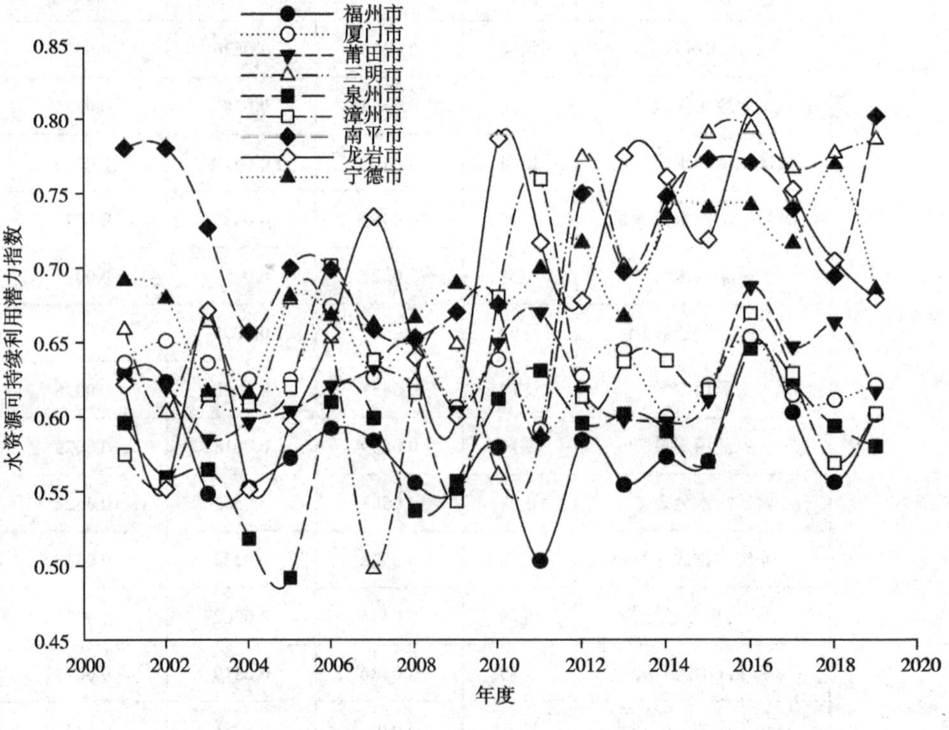

图4-2 福建省各市水资源可持续利用潜力指数的时序变化（空间截面）

（2）福建省各地市水资源可持续利用潜力指数的空间分异

比较各城市之间的水资源可持续利用潜力指数，城市之间存在差异，但差异不大，变化幅度为 0.5783 ～ 0.7140（平均值）（图 4-2）。水资源可持续利用潜力指数较高的是南平市（0.7140）、宁德市（0.6907）与龙岩市（0.6846），三市属于城市化水平较低，社会经济水平相对较低，水资源开发利用程度相对较低的缘故。厦门市排名第五位（0.6295），虽然极度缺水，但水资源可持续利用潜力尚可，是积极努力多渠道拓展外来水源，并建设生态型环境友好型城市的结果。漳州市排名第七位（0.6259），该市属于轻度缺水型城市，但对水资源的合理配置及节水技术水平都还不高，导致其水资源利用指数也不高。莆田市排名第六位（0.6263），水资源可持续利用潜力不算高，这首先与它的水资源丰度有关（人均水资源属于中度缺水），但该城市的单位产值耗水量比较小，使得它成为水资源节约型城市。三明市的水资源可持续利用指数排名第四位（0.6793），这可能和三明市属于水质型缺水城市有关。泉州市、福州市的水资源可持续利用指数潜力相较其他城市较小（0.5833 和 0.5783），这和泉州市和福州市均为中度缺水城市有关。

4.3　城市化综合发展的测度

4.3.1　AHP 法确定各参评因子权重

（1）层次结构模型

建立层次结构模型（图 4-3），按照最高层（目标层）、若干中间层（标准层和准则层）和最低层（指标层）的形式排列起来。

（2）模型计算

根据该层次结构模型，通过构造 17 个判断矩阵，层次单排序，层次总排序及一致性检验等步骤，得到以下排序：①总体层（A）—标准层（O）判断矩阵及层次排序，结果见附表 1-11。②标准层（O）—准则层（C）判断矩阵及层次单排序，结果见附表 1-12 ～附表 1-15。③准则层（C）—指标层（P）判断矩阵及层次单排序，结果见附表 1-16 ～附表 1-27。

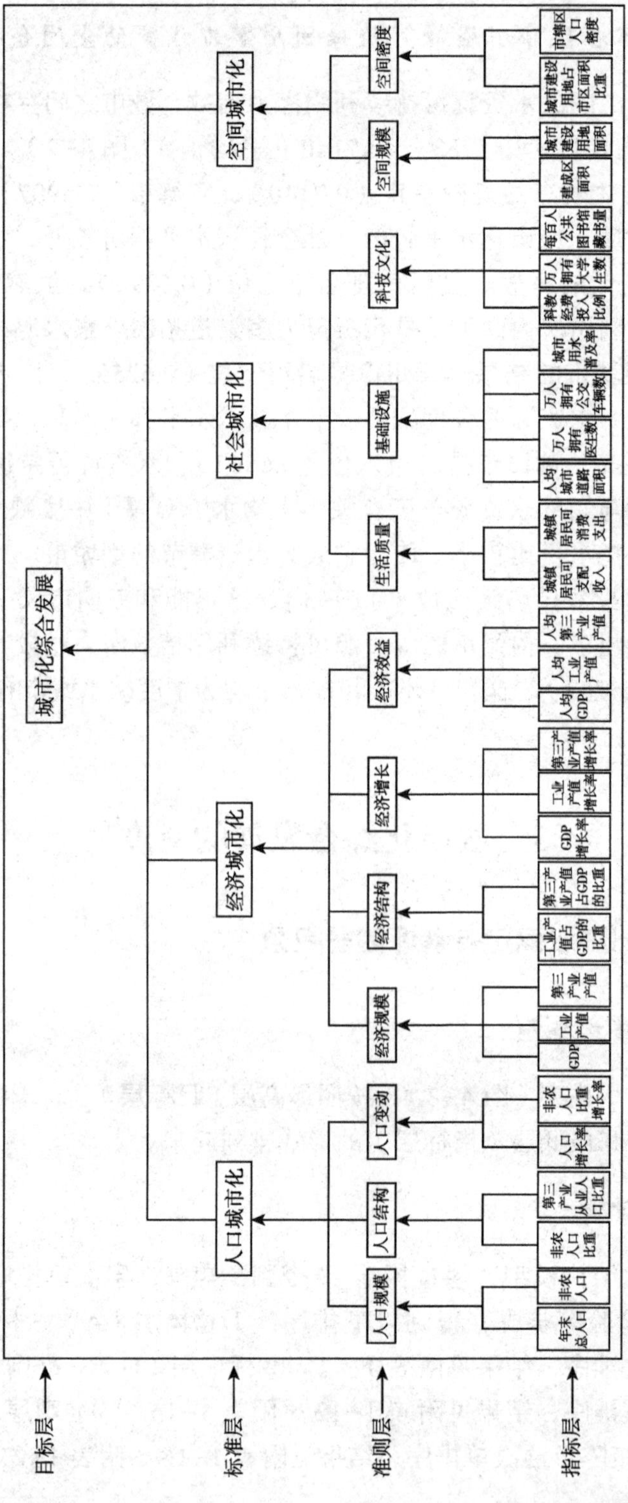

图 4-3　城市化综合发展指标体系

4.3.2 采用熵技术对 AHP 法确定的权系数修正

采用熵值法分别计算总体层、标准层、准则层和指标层的信息权重，然后结合层次分析法得出的权重分别计算出城市化综合发展系统各层的熵化 AHP 权重（表 4–6 ～表 4–9）。

表 4–6　城市化综合发展测度指标体系标准层（O）对总体层（A）的修正权重

总体层（A）	标准层（O）	信息权重	AHP 权重	熵化 AHP 权重
城市化综合发展	人口城市化	0.1905	0.1062	0.0658
	经济城市化	0.3670	0.4339	0.5181
	社会城市化	0.3018	0.3992	0.3851
	空间城市化	0.1407	0.0678	0.0310

表 4–7　城市化综合发展测度指标体系准则层（C）对标准层（O）的修正权重

标准层（O）	准则层（C）	信息权重	AHP 权重	熵化 AHP 权重
人口城市化	人口规模	0.3959	0.1593	0.1934
	人口结构	0.3289	0.5889	0.5940
	人口变动	0.2752	0.2519	0.2126
经济城市化	经济规模	0.3310	0.0763	0.1014
	经济结构	0.2158	0.2194	0.1900
	经济增长	0.1803	0.1701	0.1231
	经济效益	0.2730	0.5342	0.5854
社会城市化	生活质量	0.1978	0.5390	0.3522
	基础设施	0.4850	0.2973	0.4763
	科技文化	0.3172	0.1638	0.1716
空间城市化	空间规模	0.5589	0.2000	0.2406
	空间密度	0.4411	0.8000	0.7594

表 4-8 城市化综合发展测度指标体系指标层（P）对准则层（C）的修正权重

准则层（C）	指标层（P）	信息权重	AHP 权重	熵化 AHP 权重
人口规模	年末总人口	0.5886	0.1667	0.2225
	非农人口	0.4114	0.8333	0.7775
人口结构	非农人口比重	0.5176	0.2500	0.2634
	第三产业从业人口比重	0.4824	0.7500	0.7366
人口变动	人口增长率	0.4056	0.2500	0.1853
	非农人口比重增长率	0.5944	0.7500	0.8147
经济规模	GDP	0.3578	0.1698	0.1836
	工业产值	0.2569	0.3873	0.3007
	第三产业产值	0.3853	0.4429	0.5157
经济结构	工业产值占 GDP 的比重	0.5516	0.2500	0.2908
	第三产业产值占 GDP 的比重	0.4484	0.7500	0.7092
经济增长	GDP 增长率	0.2833	0.3119	0.2448
	工业产值增长率	0.2698	0.1976	0.1477
	第三产业产值增长率	0.4469	0.4905	0.6074
经济效益	人均 GDP	0.3172	0.5889	0.5688
	人均工业产值	0.3283	0.1593	0.1593
	人均第三产业产值	0.3545	0.2519	0.2719
生活质量	城镇居民可支配收入	0.5341	0.7500	0.7747
	城镇居民可消费支出	0.4659	0.2500	0.2253
基础设施	人均城市道路面积	0.2868	0.1613	0.1886
	万人拥有医生数	0.2308	0.0796	0.0749
	万人拥有公交车辆数	0.2308	0.4992	0.4697
	城市用水普及率	0.2516	0.2600	0.2667
科技文化	科教经费投入比例	0.2951	0.5679	0.4963
	万人拥有大学生数	0.4279	0.3339	0.4231
	每百人公共图书馆藏书量	0.2770	0.0982	0.0806
空间规模	建成区面积	0.3856	0.7500	0.6531
	城市建设用地面积	0.6144	0.2500	0.3469
空间密度	城市建设用地占市区面积比重	0.5224	0.6667	0.6864
	市辖区人口密度	0.4776	0.3333	0.3136

表 4–9　城市化综合发展测度指标体系指标层（P）对总体层（A）的修正权重

总体层（A）	指标层（P）	指标性质	信息权重	AHP 权重	熵化 AHP 权重
城市化综合发展	年末总人口	正向	0.0422	0.0028	0.0029
	非农人口	正向	0.0295	0.0139	0.0101
	非农人口比重	正向	0.0308	0.0154	0.0105
	第三产业从业人口比重	正向	0.0287	0.0461	0.0294
	人口增长率	正向	0.0202	0.0066	0.0027
	非农人口比重增长率	正向	0.0296	0.0197	0.0117
	GDP	正向	0.0392	0.0042	0.0071
	工业产值	正向	0.0282	0.0096	0.0117
	第三产业产值	正向	0.0422	0.0109	0.0200
	工业产值占 GDP 的比重	逆向	0.0394	0.0178	0.0211
	第三产业产值占 GDP 的比重	正向	0.0320	0.0533	0.0515
	GDP 增长率	正向	0.0169	0.0172	0.0115
	工业产值增长率	正向	0.0161	0.0109	0.0070
	第三产业产值增长率	正向	0.0267	0.0270	0.0286
	人均 GDP	正向	0.0287	0.1019	0.1273
	人均工业产值	正向	0.0297	0.0276	0.0356
	人均第三产业产值	正向	0.0320	0.0044	0.0608
	城镇居民可支配收入	正向	0.0294	0.2042	0.1366
	城镇居民可消费支出	正向	0.0257	0.0681	0.0397
	人均城市道路面积	正向	0.0387	0.0242	0.0450
	万人拥有医生数	正向	0.0312	0.0119	0.0179
	万人拥有公交车辆数	正向	0.0312	0.0749	0.1120
	城市用水普及率	正向	0.0340	0.0390	0.0636
	科教经费投入比例	正向	0.0261	0.0470	0.0426
	万人拥有大学生数	正向	0.0378	0.0276	0.0364
	每百人公共图书馆藏书量	正向	0.0245	0.0081	0.0069
	建成区面积	正向	0.0451	0.0100	0.0078
	城市建设用地面积	正向	0.0719	0.0033	0.0041
	城市建设用地占市区面积比重	逆向	0.0483	0.0355	0.0259
	市辖区人口密度	正向	0.0441	0.0178	0.0118

4.3.3 采用模糊隶属度函数模型计算各具体指标的隶属度值

采用模糊隶属度函数模型对福建省各市城市化系统综合指标体系进行量化，可以分别计算出各城市城市化综合发展指数。

（1）福建省各地市城市化综合发展指数的时间变化趋势

由福建省各市城市化综合发展指数时间趋势来看（图 4-4），近 19 年福建省及各城市综合发展水平不断提高，福建省从 2001 年的 0.6927 提高到 2019 年的 0.8398，年均提高 14.71%。其他各城市地区城市化综合发展指数也均呈现线性递增的发展趋势，且以福州市、龙岩市、三明市的增幅最大，其次为莆田市、厦门市、南平市、漳州市，泉州市和宁德市的增幅最小。

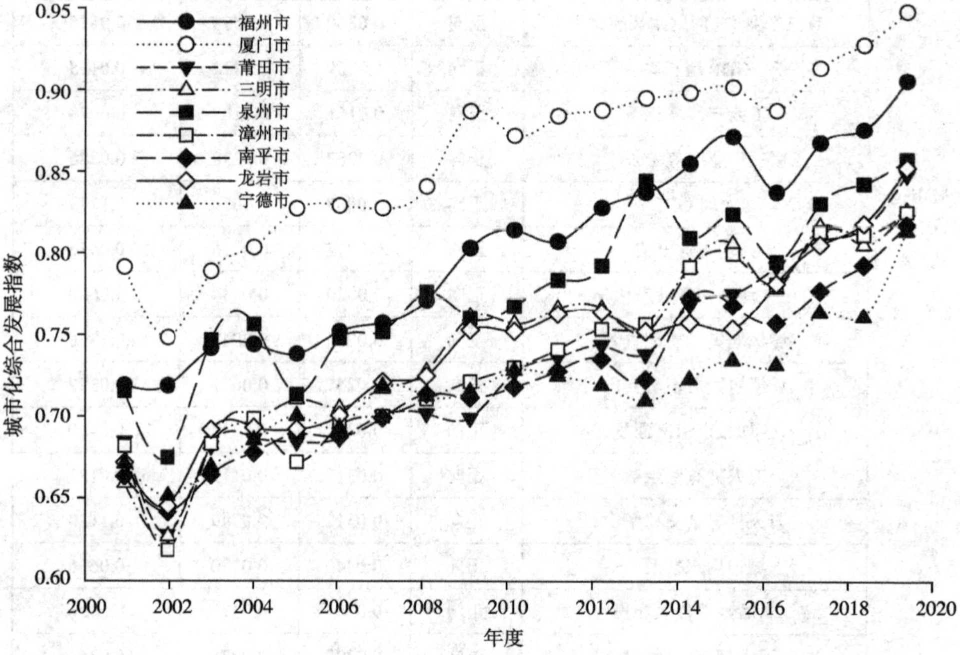

图 4-4 福建省各市城市化综合发展指数的时间变化趋势（空间截面）

（2）福建省各地市城市化综合指数的空间分异

由福建省各市城市化综合发展指数各城市比较来看，以厦门市城市化综合发展指数最高，其次为福州市、泉州市和三明市，其他城市地区城市化综合水平排名依次为龙岩市＞漳州市＞莆田市＞南平市＞宁德市，与福建省经济、社会和人口发展水平一致。

4.4 水资源对城市化约束强度的综合测度

4.4.1 水资源可持续利用潜力与城市化发展综合分析

将福建省水资源可持续利用潜力指数与城市化综合发展指数年度比较值（空间截面数据）同时作图（图 4-5），可以看发现二者的发展变化和趋势总体上都一定的线性增长趋势，但城市化综合发展指数增幅明显，线性趋势很大（R^2=0.9591），水资源可持续利用潜力线性增长趋势较弱，R^2=0.5007，说明水资源可持续利用潜力虽然可能随着城市化水平的提高所带来的社会经济规模、结构、质量及功能提升，进而促进供水、用水和管水效率的全方位提高而提升，但水资源合理调控的难度会比较大。

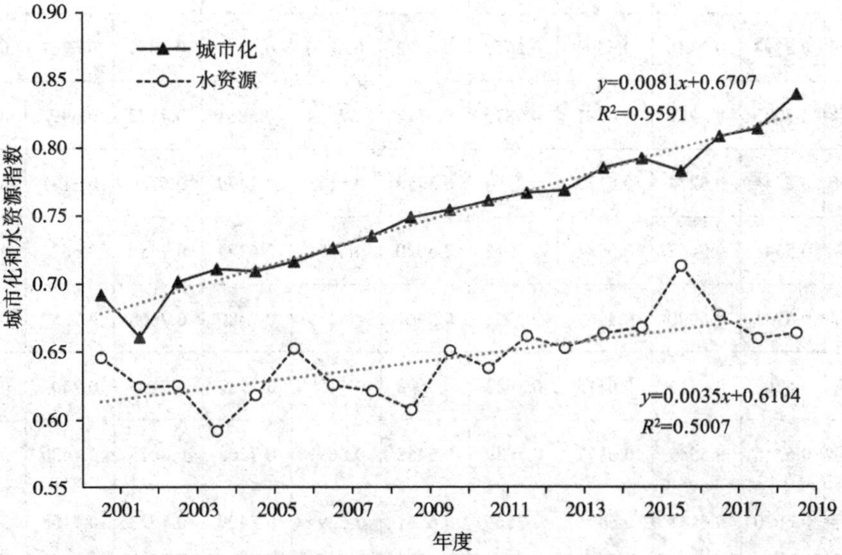

图 4-5 福建省水资源可持续利用潜力指数与城市化综合发展指数时序变化关系

将水资源可持续利用潜力指数和城市化综合发展指数的年度截面和城市截面数据进行加权平均，得到最终水资源可持续利用潜力指数和城市化综合发展指数（表 4-10 和表 4-11）。该数据将用来进行水资源约束强度的计算。

表 4-10　福建省各市水资源可持续利用潜力指数最终加权平均值

年度	福州市	厦门市	莆田市	三明市	泉州市	漳州市	南平市	龙岩市	宁德市	福建省
2001 年	0.6303	0.6366	0.6230	0.6589	0.5963	0.5748	0.7807	0.6221	0.6918	0.6461
2002 年	0.6238	0.6513	0.6202	0.6034	0.5598	0.5546	0.7806	0.5517	0.6797	0.6250
2003 年	0.5485	0.6364	0.5849	0.6638	0.5649	0.6147	0.7271	0.6716	0.6172	0.6255
2004 年	0.5526	0.6252	0.5966	0.6065	0.5181	0.6086	0.6571	0.5515	0.6157	0.5924
2005 年	0.5725	0.6251	0.6040	0.6788	0.4921	0.6203	0.7001	0.5957	0.6811	0.6189
2006 年	0.5923	0.6746	0.6210	0.6531	0.6101	0.7018	0.6990	0.6568	0.6681	0.6530
2007 年	0.5842	0.6268	0.6338	0.4977	0.5995	0.6385	0.6591	0.7344	0.6624	0.6263
2008 年	0.5559	0.6526	0.6505	0.6231	0.5375	0.6165	0.6534	0.6400	0.6666	0.6218
2009 年	0.5507	0.6065	0.6042	0.6487	0.5570	0.5437	0.6706	0.6003	0.6896	0.6079
2010 年	0.5793	0.6386	0.6500	0.5612	0.6123	0.6810	0.6755	0.7869	0.6761	0.6512
2011 年	0.5033	0.5917	0.6701	0.5876	0.6312	0.7594	0.5861	0.7172	0.6997	0.6385
2012 年	0.5844	0.6274	0.6177	0.7744	0.5958	0.6133	0.7499	0.6780	0.7171	0.6620
2013 年	0.5546	0.6452	0.5984	0.7012	0.6020	0.6371	0.6974	0.7752	0.6673	0.6531
2014 年	0.5731	0.6000	0.5967	0.7334	0.5900	0.6379	0.7480	0.7608	0.7357	0.6640
2015 年	0.5702	0.6212	0.6115	0.7903	0.5698	0.6183	0.7732	0.7194	0.7402	0.6682
2016 年	0.6516	0.6539	0.6877	0.7939	0.6458	0.6697	0.7708	0.8077	0.7420	0.7137
2017 年	0.6030	0.6148	0.6475	0.7666	0.6251	0.6294	0.7400	0.7528	0.7168	0.6773
2018 年	0.5563	0.6114	0.6639	0.7772	0.5942	0.5692	0.6946	0.7051	0.7696	0.6602
2019 年	0.6016	0.6215	0.6174	0.7862	0.5805	0.6025	0.8020	0.6791	0.6859	0.6641
平均	0.5783	0.6295	0.6263	0.6793	0.5833	0.6259	0.7140	0.6846	0.6907	0.6457

表 4-11　福建省各市城市化综合发展指数最终加权平均值

年度	福州市	厦门市	莆田市	三明市	泉州市	漳州市	南平市	龙岩市	宁德市	福建省
2001 年	0.7144	0.7812	0.6830	0.6592	0.7110	0.6803	0.6633	0.6711	0.6705	0.6927
2002 年	0.7141	0.7413	0.6303	0.6293	0.6739	0.6216	0.6429	0.6464	0.6519	0.6613
2003 年	0.7353	0.7788	0.6802	0.6811	0.7399	0.6816	0.6641	0.6894	0.6685	0.7021
2004 年	0.7374	0.7922	0.6845	0.6939	0.7488	0.6956	0.6765	0.6906	0.6835	0.7114
2005 年	0.7320	0.8143	0.6826	0.7065	0.7092	0.6713	0.6869	0.6897	0.6971	0.7100
2006 年	0.7447	0.8159	0.6846	0.7014	0.7410	0.6918	0.6854	0.6974	0.6905	0.7170
2007 年	0.7495	0.8145	0.6975	0.7125	0.7445	0.6970	0.6961	0.7162	0.7137	0.7268
2008 年	0.7625	0.8266	0.6984	0.7220	0.7672	0.7065	0.7094	0.7195	0.7082	0.7356
2009 年	0.7919	0.8691	0.6961	0.7534	0.7523	0.7165	0.7075	0.7457	0.7108	0.7493
2010 年	0.8021	0.8553	0.7218	0.7493	0.7591	0.7244	0.7134	0.7450	0.7228	0.7548
2011 年	0.7957	0.8665	0.7303	0.7580	0.7741	0.7347	0.7224	0.7548	0.7197	0.7618
2012 年	0.8148	0.8696	0.7373	0.7581	0.7821	0.7462	0.7291	0.7559	0.7144	0.7675
2013 年	0.8235	0.8766	0.7321	0.7444	0.8300	0.7491	0.7176	0.7450	0.7058	0.7693
2014 年	0.8396	0.8795	0.7599	0.7812	0.7977	0.7813	0.7638	0.7498	0.7178	0.7856
2015 年	0.8548	0.8827	0.7665	0.7943	0.8113	0.7888	0.7597	0.7465	0.7284	0.7926
2016 年	0.8236	0.8696	0.7819	0.7694	0.7843	0.7718	0.7498	0.7721	0.7259	0.7832
2017 年	0.8513	0.8937	0.7965	0.8044	0.8175	0.8012	0.7681	0.7939	0.7557	0.8091
2018 年	0.8587	0.9067	0.8029	0.7938	0.8283	0.7995	0.7825	0.8057	0.7532	0.8146
2019 年	0.8864	0.9254	0.8337	0.8133	0.8423	0.8126	0.8052	0.8376	0.8018	0.8398
平均	0.7912	0.8452	0.7263	0.7382	0.7692	0.7301	0.7181	0.7354	0.7126	0.7518

4.4.2 水资源约束强度的时空差异

根据水资源对城市化约束强度的计算公式及上文求得的水资源可持续利用潜力指数和城市化综合发展指数，可分别求得福建省及各市的水资源对城市化的约束强度（表 4-12）。总体来看，福建省及各城市的水资源约束强度中等。

时间上，水资源约束强度总体呈下降趋势，每个城市水资源约束强度都有不同程度的降幅。其中，福州市、厦门市、莆田市、龙岩市和宁德市从较强约束降为弱约束，泉州市和漳州市水资源约束强度保持较强约束不变，南平市水资源约束类型保持弱约束不变。

从 2019 年数值来看，各城市分别属于较强约束和弱约束两种类型，水资源约束强度大小顺序为泉州市（0.3148）＞漳州市（0.3135）＞莆田市（0.2961）＞福州市（0.2845）＞宁德市（0.2677）＞龙岩市（0.2575）＞厦门市（0.2569）＞三明市（0.2030）＞南平市（0.1967）。龙岩市、三明市和南平市三个城市降幅较多，这可能因为三市在城市化发展的进程中，从粗放型用水到节约型用水的转变，因此，他们的水资源约束强度相比其他城市会降低许多；而福州市、泉州市和厦门市三个城市的水资源约束强度降低较少，也跟他们的城市化系统与水资源处于一个比较稳定的协调阶段有关。

从空间上看，各城市的水资源对其城市化的约束强度均值也属于弱约束和较强约束类型。具体来说，泉州市（0.3424）＞福州市（0.3365）＞莆田市（0.3337）＞漳州市（0.3324）＞宁德市（0.3005）＞三明市（0.2972）＞龙岩市（0.2951）＞南平市（0.2844）＞厦门市（0.2842）。

表 4-12 福建省各市水资源对城市化的约束强度

年度	福州市	厦门市	莆田市	三明市	泉州市	漳州市	南平市	龙岩市	宁德市	福建省
2001 年	0.3360	0.3056	0.3530	0.3410	0.3578	0.3830	0.2662	0.3583	0.3167	0.3353
2002 年	0.3401	0.3127	0.3758	0.3863	0.3946	0.4186	0.2745	0.4104	0.3314	0.3605
2003 年	0.3767	0.3066	0.3770	0.3293	0.3651	0.3585	0.2981	0.3213	0.3622	0.3439
2004 年	0.3735	0.3080	0.3682	0.3585	0.3896	0.3566	0.3351	0.3928	0.3572	0.3600
2005 年	0.3637	0.2992	0.3646	0.3101	0.4211	0.3593	0.3052	0.3667	0.3125	0.3447
2006 年	0.3467	0.2689	0.3536	0.3276	0.3375	0.3022	0.3064	0.3269	0.3229	0.3214

续表

年度	福州市	厦门市	莆田市	三明市	泉州市	漳州市	南平市	龙岩市	宁德市	福建省
2007 年	0.3497	0.2981	0.3407	0.4164	0.3425	0.3381	0.3261	0.2729	0.3171	0.3335
2008 年	0.3615	0.2778	0.3303	0.3373	0.3706	0.3475	0.3242	0.3282	0.3168	0.3327
2009 年	0.3528	0.2884	0.3590	0.3094	0.3649	0.3872	0.3147	0.3416	0.3019	0.3356
2010 年	0.3316	0.2747	0.3213	0.3635	0.3290	0.3016	0.3093	0.2299	0.3052	0.3073
2011 年	0.3797	0.2984	0.3058	0.3442	0.3117	0.2505	0.3594	0.2678	0.2923	0.3122
2012 年	0.3234	0.2757	0.3345	0.2321	0.3297	0.3335	0.2584	0.2908	0.2840	0.2958
2013 年	0.3378	0.2623	0.3481	0.2816	0.3068	0.3181	0.2945	0.2369	0.3173	0.3004
2014 年	0.3203	0.2882	0.3380	0.2475	0.3269	0.3047	0.2457	0.2436	0.2714	0.2874
2015 年	0.3160	0.2742	0.3265	0.2081	0.3336	0.3135	0.2322	0.2697	0.2645	0.2820
2016 年	0.2796	0.2598	0.2746	0.2159	0.2988	0.2895	0.2376	0.2065	0.2644	0.2585
2017 年	0.2977	0.2736	0.2929	0.2183	0.2979	0.3019	0.2488	0.2307	0.2677	0.2699
2018 年	0.3228	0.2705	0.2805	0.2162	0.3121	0.3387	0.2702	0.2546	0.2369	0.2736
2019 年	0.2845	0.2569	0.2961	0.2030	0.3148	0.3135	0.1967	0.2575	0.2677	0.1714
平均	0.3365	0.2842	0.3337	0.2972	0.3424	0.3324	0.2844	0.2951	0.3005	0.3066

无论是 2019 年排名还是均值排名，泉州市和漳州市的水资源约束强度均较大，同时泉州市和漳州市也是缺水城市，两市目前的水资源情况对其城市化进程产生了一定的阻滞作用。不过从其时间序列来看，水资源约束强度正在有所减轻。福州市和莆田市仅次于漳州市，水资源约束强度比较高的城市，且它们都属于中度缺水城市，水资源约束类型由 2001 年的较强约束降为了 2019 年的弱约束，因此矛盾有所减弱，往向好的方向发展。

4.5　福建省各市水资源环境与城市化系统所处阶段识别

我国大部分地区，尤其是缺水地区，城市发展与水资源环境之间的约束关系反映在一定时空范围内是动态的、变化的过程，在一定的作用方式下是一个耦合过程。根据城市发展与水资源环境之间的约束关系，如前文所述，将城市发展与水资源环境耦合作用过程在较长时间尺度上分为4个阶段，即低水平协调阶段、拮抗阶段、磨合阶段和高水平协调阶段（陈定贵等，2008）。根据本章和之前章节的研究结论，采用2019年的城市化水平、人均水资源情况、用水效益、人均综合用水量和水资源约束强度与上一章求得的各城市的耦合度绘制表4-13，根据各市的情况进行分类说明。

表4-13　福建省各市水资源与城市化所处阶段辨识情况

城市	水资源约束类型	缺水情况	用水效益（元/m^3）	人均综合用水量（m^3/人）	用水总量（亿m^3）	城市化水平（%）	耦合度	所处阶段
福州市	弱约束	中度缺水	453.93	282	20.69	70.5	0.6254	磨合阶段与高水平协调阶段之间
厦门市	弱约束	极度缺水	880.33	159	6.81	89.2	0.6356	高水平协调阶段
莆田市	弱约束	中度缺水	252.96	354	10.26	61.7	0.6875	磨合阶段
三明市	弱约束	水质型缺水	114.66	876	22.69	60.9	0.7105	磨合阶段与拮抗阶段之间
泉州市	较强约束	中度缺水	351.34	324	28.31	67.2	0.6741	磨合阶段与高水平协调阶段之间
漳州市	较强约束	轻度缺水	225.57	411	21.21	60.0	0.7455	磨合阶段
南平市	弱约束	水质型缺水	81.42	909	24.46	57.5	0.7982	磨合阶段与拮抗阶段之间
龙岩市	弱约束	不缺水	141.22	718	18.97	58.0	0.6887	磨合阶段与拮抗阶段之间
宁德市	弱约束	不缺水	180.80	466	13.56	57.6	0.6744	磨合阶段
福建省	弱约束	不缺水	297.81	421	167.39	64.7	0.6753	磨合阶段

4.5.1　低水平协调阶段

城市发展的初期。城市进程较慢，工业并不发达，城市人口较少，水资源需求量不大，水环境污染不太严重。城市水资源基本上能够保证供需平衡。福建省所有城市地区均已越过了此阶段。

4.5.2　拮抗阶段

城市化发展步入中期，城市化进程加快，工业化速度提高，城镇人口数量不断增多，对水的需求量增加，生活污水和工业废水排放量增加，导致水污染严重，水资源潜力不足以提供未来城市化的用水需求，水资源短缺问题制约了城市化发展。

4.5.3　磨合阶段

仍然处于城市化发展的中期，城市化进程进一步加快，工业化速度加速提高，城镇人口数量继续增加，水资源需求量增多，水污染日趋严重。有关政府部门加强水污染治理，建设节水工程，调整用水结构，居民节水意识不断增强，城市化与水资源的关系稳定。莆田市、漳州市和宁德市目前处于此阶段。莆田市属于中度缺水城市，耦合度排名第五位，用水效益属于中等水平，人均综合用水量和用水总量较低，城市化水平中等，水资源约束强度较弱，说明了城市化的发展与水资源环境之间的关系稳定。漳州市是轻度缺水城市，约束强度较强，耦合度排名第二位，用水效益、人均综合用水量和用水总量均处于中等水平，城市化水平较低，城市化与水资源的矛盾有所缓解。宁德市水资源含量较为丰富，约束强度较弱，用水效益低，人均综合用水量也较多，而城市化水平不高，耦合度排名第六位，水资源的供需矛盾并不突出。

4.5.4　高水平协调阶段

处于城市化发展的后期，城市化速度稳定变缓，城镇人口数量多，工业和第三产业发达，政府部门加大对水环境的治理和调控，用水效益和水资源开发利用率最优化；居民的节水意识普遍提高，人均综合用水量减少。这个阶段城市化和水资源环境已经达到高水平协调。厦门市处于这个阶段，虽然本身自有水资源有限，缺水程度高，但用水效益在福建省排名第一位，人均综合用水量和用水总量少，城市化程度高，耦合度低，排名第八位，水资源约束强度也较小，排名第五位，可以证明厦门市已经处于高水平协调阶段。

此外，经过分析认为福州市和泉州市处于磨合阶段与高水平协调阶段之间，两市的城市化水平相对较高，均属于中度缺水城市，但用水效益高，仅次于厦门市，人均综合用水量也较少，福州市的耦合度最低，排名第九位，泉州市的耦合度排名第七位。说明福州市和泉州市正在从磨合阶段向高水平协调阶段迈进。

龙岩市、三明市和南平市处于拮抗与磨合阶段之间，龙岩市虽然不缺水，但用水效益低，人均综合用水量高，用水总量相对较多，城市化水平不高，耦合度排名第四位，水资源约束强度小，属于弱约束。三明市和南平市属于水质型缺水城市，三明市的耦合度较高，排名第三位，水资源约束强度属于弱约束，南平市的耦合度最高，排名第一位，水资源约束强度较弱，用水效益是全省最低的两个城市，人均综合用水量高，在福建省分别排名第一位、第二位，且城市化水平低。这可能与农业粗放性用水有关，三个城市的农业用水占用水总量的比例大。莆田市、漳州市和宁德市处于磨合阶段。

综合来看，福建省总体上属于城市化与水资源的磨合阶段类型 1（磨合 1）。

4.6 结论

本章通过建立多层次的指标体系，量化水资源约束强度，识判别水资源约束力的存在。利用熵技术支持下的层次分析法计算各指标的熵化权重，计算城市化综合发展指数和水资源可持续利用潜力指数，水资源可持续利用潜力指数和城市化综合发展指数加权求得的平均值即为最终值，最后求出水资源约束强度。

时间上，水资源约束强度总体呈下降趋势，每个城市水资源约束强度都有不同程度的降幅。其中，福州市、莆田市、龙岩市和宁德市从较强约束降为弱约束，泉州市和漳州市水资源约束强度保持较强约束不变，南平市水资源约束类型保持弱约束不变。空间上，福州市、莆田市、泉州市、漳州市和宁德市的约束强度属于较强约束，厦门市、三明市、南平市和龙岩市属于弱约束。2019 年，各市的约束强度均属于弱约束。降幅最多的是龙岩市、三明市和漳州市，降幅最少的是厦门市和泉州市。

最后，根据 2019 年的城市化水平、人均综合用水量、用水总量、用水效益和耦合度、水资源约束强度，识别福建省各市城市化与水资源系统所处的阶段：厦门市属于高水平协调阶段，泉州市和福州市处于磨合阶段与高水平协调阶段之间，三明市、南平市和龙岩市处于磨合阶段与拮抗阶段之间，莆田市、漳州市和宁德市处于磨合阶段。总体上，沿海城市的耦合阶段高于内陆城市，经济发达的城市高于经济落后的城市。水资源短缺问题并不会局限城市化发展，如厦门市虽然极度缺水，但是大力发展节水、治水技术，提高居民的节水意识，合理配置水资源。龙岩市、南平市和三明市，人均用水量大，用水效益低，用水结构不合理，限制了城市化发展。

以上研究结论表明，自身的水资源紧缺并不是对城市发展的绝对限制因素，如厦门市，经济社会发展水平很高，无论是在技术上还是资金上都有能力在节水及环保技术上投入大量资金和科研实力，倡导民众提高节水环保意识，对水资源配置进行合理调控，甚至寻求异地水源进行跨区域生态补偿；一些水资源相对丰富的城市，如南平市、龙岩市和三明市，由于传统的粗放式用水及较低的用水效益和不合理的用水结构，环保意识的薄弱，使得这几个城市的水资源与城市化的耦合度较高，尤其是南平市和三明市，已属于水质型缺水城市。

根据以上结论，对福建省各城市地区提出以下建议：厦门市可以继续当前发展模式，但由于自身水源的极度贫乏，要考虑供水的长期战略保障规划；福州市、泉州市、莆田市均属于中度缺水城市，应再进一步优化用水结构、提高用水效率，提升水资源管理水平，合理调控水资源，多渠道保障水资源的供给，甚至考虑异地水源补给，争取早日使水资源与城市化的耦合关系达到高水平协调阶段。龙岩市、三明市和南平市明显存在过于粗放的传统用水方式，较低水平的用水效益和过高的人均用水水平，长期发展下去不加以控制，也会面临水资源约束力增大及水量缺水的严峻问题。因此，水利环保部门应加强水利工程建设，实施城市节水工程，降低单位产值用水能耗，加强水环境污染的防控及宣传，对水价进行合理调节。漳州市的水资源与城市化处于拮抗阶段，应大力发展节水产业，提高水环境污染防治能力，提高群众环保意识，加大科技创新力度和水资源管理调控能力，争取早日克服水资源对城市化的约束和阻碍作用，越过这一艰难“拐点”，实现城市化与水资源环境协调发展。

第5章　水资源约束下系统动力学模型预测福建省城市化综合发展与水资源利用

2012年，国务院发布了《关于实行最严格水资源管理制度的意见》，明确提出水资源开发利用控制，用水效率控制和水功能区限制纳污“三条红线”的主要目标，旨在呼吁人们节约资源，坚持走可持续发展之路，推动经济社会发展与水资源环境承载能力相适应，推动经济社会发展与水资源水环境承载能力相适应，是改善我国水资源开发利用不够合理现状的重要举措。“三条红线”具体为：①确立水资源开发利用控制红线，到2030年全国用水总量控制在7000亿m^3以内；②确立用水效率控制红线，到2030年用水效率达到或接近世界先进水平，万元工业增加值用水量（以2000年不变价计，下同）降低到40m^3以下，农田灌溉水有效利用系数提高到0.6以上；③确立水功能区限制纳污红线，到2030年主要污染物入河湖总量控制在水功能区纳污能力范围之内，水功能区水质达标率提高到95%以上。福建省在2013年也下达了水资源管理“三条红线”各地控制目标。

本章考虑在水资源红线（水资源开发利用红线和用水效率控制红线）的约束下，构建系统动力学模型，设定不同情景下的城市化方案，进行计算机模拟，预测分析2011—2030年，福建省用水总量、产业结构、城市化率、水资源开发利用率等指标的变化，找出适宜福建省可持续发展的城市化方案。

5.1　系统动力学模型简介

系统动力学（system dynamics，SD）出现于1956年，创始人为美国麻省理工学院（MIT）的福瑞斯特（J.W.Forrester）教授。系统动力学既是一门分析研究信息反馈系统的学科，也是一门认识系统问题和解决系统问题的交叉综合学科。从系统方法论来说，系统动力学是结构的方法、功能的方法和历史的方法的统一。它基于系统论，吸收了控制论、信息论的精髓，是一门综合自然科学和社会科学的横向学科。

5.1.1 系统动力学的特点

（1）适用于处理长期性和周期性的问题

例如，自然界的生态平衡、人的生命周期和社会问题中的经济危机等都呈现周期性规律并需通过较长的历史阶段来观察，已有不少系统动力学模型对其机制做出了较为科学的解释。

（2）适用于对数据不足的问题进行研究

建模中常常遇到数据不足或某些数据难于量化的问题，系统动力学借各要素之间的因果关系及有限的数据及一定的结构仍可进行推算分析（王其藩，1994）。

（3）适用于处理精度要求不高的、复杂的社会经济问题

因描述方程是高阶非线性动态的，应用一般数学方法很难求解。系统动力学则借助于计算机及仿真技术仍能获得主要信息。

（4）强调有条件预测

方法强调产生结果的条件，采取“如果……则”的形式，对预测未来提供了新的手段。

5.1.2 系统动力学的相关概念

（1）因果反馈

如果事件 A（原因）引起事件 B（结果），AB 便形成因果关系。若 A 增加引起 B 增加，称 AB 构成正因果关系；若 A 增加引起 B 减少，则称为负因果关系。两个以上因果关系链首尾相连构成反馈回路，亦分正、负反馈回路。

（2）积累

本法视社会经济状态变化为由许多参变量组成的一种流，通过对流的研究来掌握系统性质和运动规律。流的规程量便是“积累”，用以描述系统状态，系统输入输出流量之差为积累增量。“流率”表述流的活动状态，也称决策函数，积累则是流的结果。任何决策过程均可用流的反馈回路描述。

（3）流图

流图由“积累”“流率”“物质流”“信息流”等符号构成，直观形象地反映系统结构和动态特征（钟永光等，2009）。

5.2　数据与方法

5.2.1　系统流程图的设计

系统动力学模型模拟最主要关键的就是系统流程因果反馈图的设计，确定好状态变量、速率变量、辅助变量等（聂春霞和刘晏良，2012）。经过分析福建省水资源与城市经济社会系统的关系，设计出水资源对城市化约束的系统仿真预测因果反馈图（图 5-1），图中共设有 4 个常量、12 个状态变量、12 个速率变量、4 个辅助变量。

状态变量就是对输入和输出进行积累的变量，包括了城镇生活用水定额、农村生活用水定额、农田灌溉定额、有效灌溉系数、城镇人口比重、总人口、第一产业增加值、第二产业增加值、第三产业增加值、万元工业增加值用水量、万元第三产业增加值用水量、农林牧渔单方水投入。

速率变量在状态变量方程中代表输入和输出的变化。速率变量包括城镇生活用水定额减少量（定额减少数 1）、农村生活用水定额减少量（定额减少数 2）、城镇人口比重增加量、增加人口、万元工业增加值用水减少量（减少量 1）、万元第三产业增加值用水减少量（减少量 2）、农田灌溉定额减少量、有效灌溉系数增加数、农林牧渔畜单方水投入增加值、一产年增加值、二产年增加值、三产年增加值。

常量为水资源总量、生态用水量、林牧渔用水量和耕地面积。辅助变量为人口增长率、一产增长率、二产增长率、三产增长率。

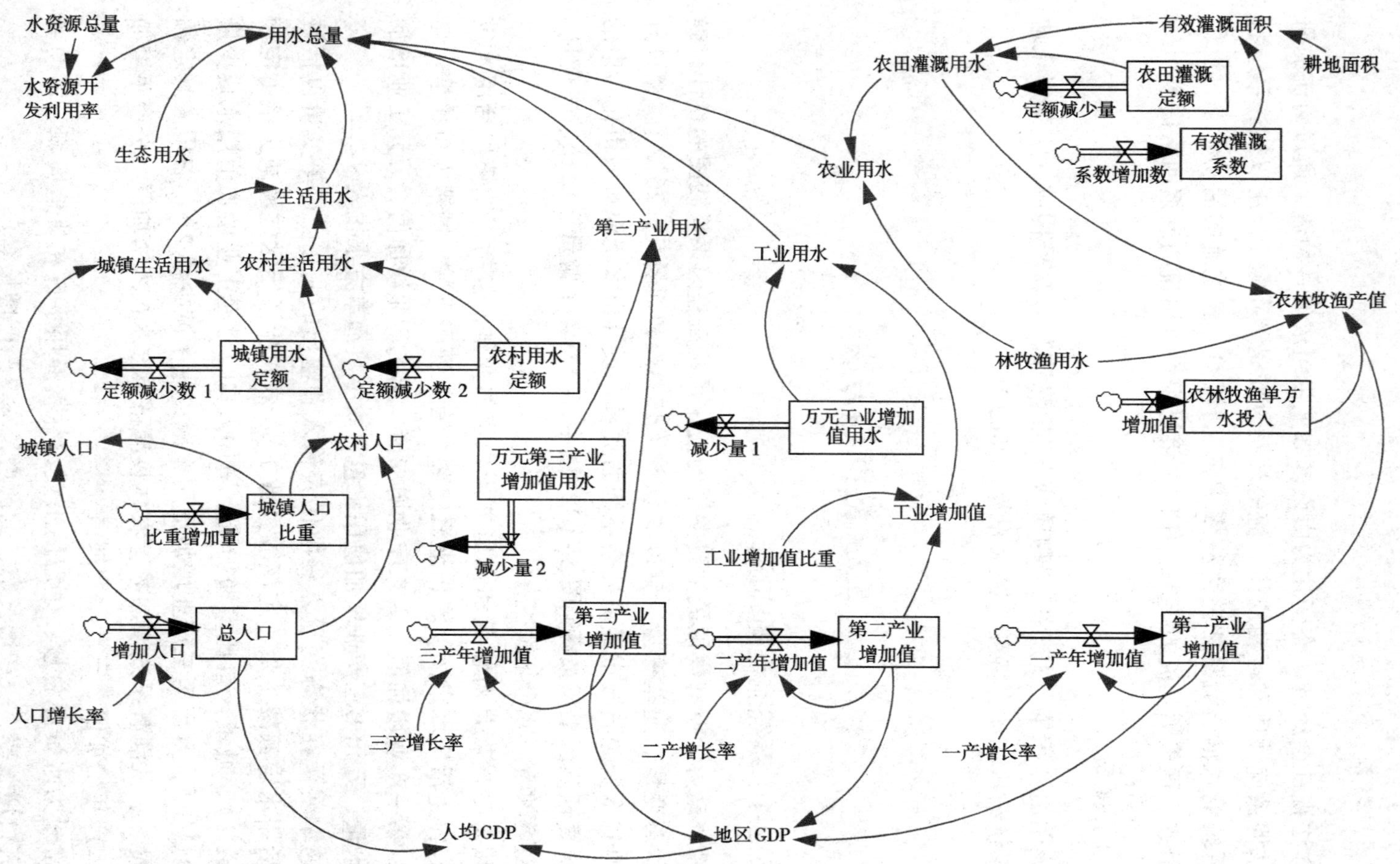

图 5-1 水资源约束下城市化综合发展系统动力学仿真因果关系流程

5.2.2　变量之间的关系

（1）各类用水量之间的关系

用水总量 = 生态用水量 + 生活用水量 + 工业用水量 + 第三产业用水量 + 农业用水量。

生活用水量 = 城镇生活用水量 + 农村生活用水量。

城镇生活用水量 = 城镇人口 × 城镇生活用水定额，城镇人口 = 总人口 × 城镇人口比重。

农村生活用水量 = 农村人口 × 农村生活用水定额；农村人口 = 总人口 ×（1- 城镇人口比重）。

工业用水量 = 工业增加值 × 万元工业增加值用水量。

农业用水量 = 农田灌溉用水 + 林牧渔用水；农田灌溉用水 = 农田灌溉定额 × 有效灌溉面积；有效灌溉面积 = 耕地面积 × 有效灌溉系数。

水资源开发利用率 = 用水总量 ÷ 水资源总量 ×100%。

（2）各产业之间的关系

地区生产总值（GDP）= 第一产业增加值 + 第二产业增加值 + 第三产业增加值。

工业增加值 = 0.85× 第二产业增加值。

农林牧渔单方水投入 ×（农田灌溉用水 + 林牧渔用水）= 农林牧渔产值投入。

农林牧渔产值 = 第一产业增加值 + 农林牧渔产值投入。

5.2.3　模型的校验

模型校验分为参数校正与验证两个过程。利用 2010—2019 年的实际统计数据，对仿真模型进行调试。方法为在合理的范围内微调部分敏感性高的速率变量和辅助变量，直至模型模拟结果与实测值相近。2010—2019 年的实测数据用来对模型进行验证。

采用 Nash-Suttcliffe（Nash and Suttcliffe，1970）效率系数 E（式 5-1）来衡量模型模拟值与实测值之间的拟合度。该系数介于 0 ～ 1，1 表明模拟结果与实测值完全吻合，数值越大则说明模拟效果越好。

$$E=\left[\Sigma\left(x_i-x\right)^2-\Sigma\left(x_i'-x_i\right)^2\right]/\Sigma\left(x_i-x\right)^2 \qquad (5-1)$$

式中，x_i为模拟值；x_i'为实测值；x 是x_i'的平均值，$i=1\cdots n$。

5.2.4 预测模拟情景的选择

为了探究未来生态系统和人类福祉发展的可能变化，联合国千年生态评估小组（MA）提出了在 21 世纪前半叶，各个国家和地区面临两种不同的世界发展道路和两种不同的生态系统管理途径的抉择（赵士洞和张永民，2006）。不同发展道路是指日益全球化和日益区域化，不同生态系统管理途径是指对生态系统是被动式管理还是主动式管理。被动式管理是指人类和社会不顾生态环境盲目发展，导致大量生态问题出现后，再采取被动的行动进行应对；主动式管理是指在城镇发展政策方面实施之前进行慎重的探索，目的在于长期维持自然健康的生态系统，很好地保持城镇发展与生态系统服务之间的平衡。基于以上观点，MA 构建了全球协同、实力秩序、适应组合与技术乐园四种发展情景（图 5-2）。从图 5-2 中可以看出，技术乐园是一个最理想的情景，城镇发展趋于全球化和主动式管理，而实力秩序是区域化、被动式管理，是一个消极的发展情景。

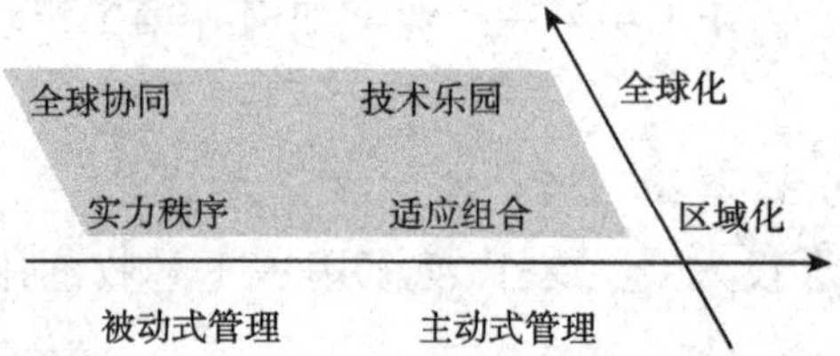

图 5-2 MA 描述的世界未来四种发展情景

这四种发展情景和基本信息描述如下（联合国，2007）。

第一，全球协同。发展趋于全球化，经济发展集中于全球贸易和自由化；对生态系统问题采取被动式的管理途径，但也采取强有力的措施减轻贫困和不平等，以及投资诸如基础设施和教育这些公共物品。在该情景下，经济增长最快，人口在 2050 年最少，技术进步水平较高。

第二，实力秩序。这一情景描述了一个区域化和破碎化的世界。发展局限于本地区，主要强调区域市场的作用，很少关注公共物品。对生态系统问题采用被动式管理途径，在该情景下，经济增长速度最慢，人口增长最快，技术发展滞后。

第三，适应组合。发展局限于区域化，主要把政治和经济活动集中于区域的流域生态系统；地方机构得到加强，使用共同的局地生态系统管理策略，采取了非常主动的生态系统管理途径。在该情景下，经济增长速度在初期稍微缓慢，后期加快，人口增长较快，技术应用针对性强但存在局限，整体处于中等偏低水平。

第四，技术乐园。发展日益全球化，强烈地依赖于环境无害化技术，利用高度管理的生态系统服务，对生态系统采取主动式的管理途径。在该情景下，经济增长相对较快，而且呈加速增长，人口居于居中水平，环境技术水平高速发展。

（1）福建省水资源约束下城市化综合发展情景设定

基于千年生态系统评估项目的情景设定，结合水资源约束区域城市化的主要影响因素，设定了基于人口—经济—环境技术相协调的福建省未来城市化综合发展情景。四种发展情景预测情况如表 5-1 所示。

表 5-1　福建省水资源约束下城市化综合发展预测情景设定

情景名称	情景描述			
	人口		经济	环境技术
	人口数量	城市化水平	人均 GDP	万元工业产值耗水量
全球协同	增长最慢	增长最快	增长最快	减少较快
实力秩序	增长最快	增长最慢	增长最慢	减少最慢
适应组合	增长较快	增长较慢	增长较慢	减少较慢
技术乐园	增长较慢	增长较快	增长较快	减少最快

根据上述情景设定，福建省未来四种情境下城市化综合发展具体描述如下。

第一，全球协同。在全球协同情景下，福建省城市化综合发展趋向于全球化，管理方式为被动式管理。区域联系更加紧密，在全球贸易自由化的影响下，经济高速发展，同时经济增长给环境资源带来了较大的压力，可能导致生态环境恶化。各地区经济联系的紧密促使越来越多的人口涌入城市，经济发展使得居民的福祉水平得到提高，中等阶层比例扩大，社会总体出现低水平的生育率和死亡率，人口增长速度很慢，经济增长和中等阶层的扩张使得人们追求更加优质的社会生活，在这种需求推动下，技术进步的总趋势比较高。在该情景下，经济发展速度最快，产业耗水量较少。

第二，实力秩序。在实力秩序情景下，福建省城市化综合发展趋向于区域化，管理方式为被动式管理。本区域与其他区域联系极少，主要关心区域内的自身利益，大量资金被用来抵御经济风险，地区的经济贸易发展极其缓慢，区域内的公共物品出现退化，不平等状况进一步恶化，在区域化和破碎化的世界中，区域内出现高水平的生育率和死亡率，因此人口增长速度最快，但人口流通速度最慢；区域内商品与信息的流通受到限制，技术的发展非常缓慢，工业、农业、第三产业耗水量高，水资源利用效率低，生态环境恶化。

第三，适应组合。在适应组合情景下，福建省城市化综合发展趋向于区域化，管理方式为主动式管理。区域发展局限于自身尺度，因此不同区域自身的管理方式与政策倾向可能会造成经济贸易出现壁垒，大尺度的水资源无法全面协调配置，但各区域会自行积极研发新技术，技术水平有一定提高，在一定时间后，经济贸易障碍消失，经济发展出现加速情况。区域维持着较高的人口生育率，因此人口增长率比较快，前期贸易壁垒的存在，使区域的环境技术水平在相当长的时间内保持在较低的水平，尽管后期进步显著，但总体水平依然属于四种预测情景中的较低水平。在该情景下，经济发展速度先慢后快，产业耗水量较高。

第四，技术乐园。在技术乐园情景下，福建省城市化综合发展趋向于全球化，管理方式处于主动式的管理。经济发展速度较快，人均 GDP 不断提高，人口增长速率属于中速，居民生活质量不断提高，城市化水平较高，对于科技水平的要求也不断提高，因此区域内的资源管理强烈地依赖于技术，因此，区域的资源利用技术水平达到了四种预测情景中的最高点。

（2）不同情景下系统动力学模型具体参数的设定

各种情景下的不同城市的初始参数指标参考了福建省水资源公报和福建省统计年鉴。水资源总量、生态用水量、耕地面积和林牧渔用水四个常量取每个城市的多年平均值。其他状态变量的初始值为 2010 年的数值。速率变量和辅助变量的变化值，参考了各城市国民经济和社会发展第十二个五年规划及各专项“十二五”规划、福建省新型城镇规划、福建省水资源生态红线等设定。设定参数围绕人口、经济与环境技术三大项进行展开（表 5–2）。

表 5-2　福建省水资源约束下城市化预测情景指标参数设定情况

情景名称	时间（年）	人口		经济			环境技术					
		人口增长率（%）	城镇人口比重增长率（%）	第一产业增长率（%）	第二产业增长率（%）	第三产业增长率（%）	城镇生活用水定额减少量（m³/人）	农村生活用水定额减少量（m³/人）	万元工业增加值用水减少量（m³/万元）	万元第三产业增加值用水减少量（m³/万元）	灌溉定额减少量（m³/亩）	有效灌溉系数增加量（无量纲）
全球协同	2020	1.0	1.2	4.2	7.9	15.6	1.7	0.4	5.3	0.5	10.3	0.007
	2025	0.8	0.9	2.6	7.3	12.6	1.6	0.3	1.8	0.2	7.9	0.008
	2030	0.9	0.7	1.9	5.6	9.4	1.0	0.1	0.8	0.1	6.8	0.010
	2035	0.8	0.6	1.1	3.2	6.9	0.5	0.0	0.5	0.0	5.6	0.009
	2040	0.7	0.4	1.0	1.8	4.7	0.2	0.0	0.2	0.0	4.8	0.008
	2045	0.7	0.2	0.6	0.9	2.5	0.1	0.0	0.0	0.0	3.1	0.005
	2050	0.7	0.2	0.5	0.5	1.1	0.0	0.0	0.0	0.0	1.8	0.003
技术乐园	2020	0.9	1.3	3.5	7.1	14.9	2.0	0.5	5.4	0.6	11.6	0.008
	2025	0.8	0.8	2.0	6.4	11.8	1.7	0.3	2.0	0.3	9.1	0.009
	2030	0.8	0.7	1.5	4.9	8.4	1.1	0.1	0.9	0.1	7.7	0.010
	2035	0.8	0.6	1.0	2.7	6.3	0.5	0.0	0.5	0.0	6.5	0.010
	2040	0.8	0.3	0.8	1.5	4.0	0.2	0.0	0.3	0.0	5.7	0.008
	2045	0.8	0.1	0.5	0.6	2.0	0.1	0.0	0.0	0.0	3.2	0.004
	2050	0.8	0.1	0.4	0.4	0.9	0.0	0.0	0.0	0.0	1.7	0.003
适应组合	2020	0.9	1.1	2.9	6.3	13.5	1.5	0.2	4.0	0.5	8.9	0.006
	2025	0.9	0.7	1.8	5.6	10.1	1.2	0.1	2.3	0.2	6.8	0.007
	2030	0.9	0.7	1.6	4.4	7.2	0.8	0.0	1.9	0.3	5.9	0.009
	2035	0.8	0.5	1.0	2.8	5.6	0.4	0.0	2.3	0.3	4.7	0.008
	2040	0.8	0.3	0.7	1.3	3.2	0.1	0.0	1.6	0.2	4.0	0.008
	2045	0.8	0.1	0.5	0.7	1.8	0.0	0.0	1.0	0.1	2.6	0.003
	2050	0.8	0.1	0.4	0.4	0.9	0.0	0.0	0.3	0.0	1.4	0.002
实力秩序	2020	0.9	1.0	2.8	5.7	12.9	1.3	0.1	3.9	0.4	7.6	0.005
	2025	0.9	0.6	1.4	5.4	9.4	1.0	0.1	2.2	0.2	5.7	0.006
	2030	0.9	0.6	1.3	3.7	6.5	0.6	0.0	1.9	0.3	4.9	0.008
	2035	0.9	0.4	0.8	2.2	4.7	0.3	0.0	2.3	0.3	3.8	0.008
	2040	0.9	0.2	0.7	1.2	3.0	0.1	0.0	1.6	0.2	3.2	0.007
	2045	0.8	0.0	0.4	0.6	1.5	0.0	0.0	1.1	0.1	2.0	0.003
	2050	0.8	0.0	0.3	0.4	0.8	0.0	0.0	0.4	0.0	1.1	0.002

第一，人口参数的设定：福建省“十二五”规划规定福建全省城镇化率目标为60.1%，各市也根据自己不同的人口趋势规划了相应的增长率，因此对于技术乐园情景基本按照了“十二五”规划要求对人口增长率2010—2015年进行了相同设置，其他情景按照等比例原则进行确定。城镇人口比重增长率的设定参考了2010—2015年的实际城镇人口比重增长率的数据，此后2015—2020年的城镇人口的比重增长率按照“十三五”规划进行设定，各城市“十三五”规划以及新型城市化规划，考虑水资源约束下适当调整了城市化的比例增长，以适应福建省新型城镇规划要求达到的目标。一方面，过快的城镇人口增长会引起大量人口涌入城市，造成城市人口密集，资源紧缺，生态环境受到影响；另一方面，快速的人口城市化并不能完全反映经济和社会的快速发展。

因此，在技术家园情景预测中对于处于中等城市化综合发展水平的城市，考虑水资源红线的约束，设置2020—2025年城镇人口比重增长率为0.70%～1.60%；对于处于高等城市化发展水平的城市，设置2020—2025年城镇人口比重增长率为0.10%～0.70%；其他情景按照等比例原则进行一一设定。对于2026—2035年、2036—2050年没有较多规划计划进行参考，设置依据为人口和人口迁移进入两个时期，均会以相对较低的速率增长，因此设置值比2020—2025年依次降低，前提条件是居民生活用水量控制在一定水平，达到福建省水资源生态红线要求。

第二，经济参数的设定：技术乐园情景2010—2020年GDP和人均GDP值依据各城市的实际数值和“十二五”规划、“十三五”规划设定标准，三次产业的增长率的设定以此为依据。2021—2035年、2036—2050年参考福建省新型城镇规划及水资源“三条红线”，借鉴西方发达国家经济产业结构模式，优化各城市的产业结构，保证每个城市在最佳情景下，经济快速发展，环境技术水平不断提升，工业和第三产业用水量低于水资源红线设定要求，其他情景按照等比例原则进行一一设定。

第三，环境—技术参数的设定：参考各市“十二五”规划及“十三五”规划，福建省生态环境与保护“十三五”规划，福建省农业“十三五”规划、福建省新型城市化规划，以福建省水资源“三条红线”为前提条件，设置技术家园情景城镇生活用水定额减少量、农村生活用水定额减少量、万元工业产值用水减少量、万元第三产业增加值用水减少量、每年灌溉定额减少量、灌溉系数增加量等数值，其他情景按照等比例原则进行一一设定。

5.3　结果与讨论

5.3.1　模型的校验结果

图 5-3 为模型的实测与模拟值随时间变化曲线验证图，以福州市为例，从图 5-3 中可以看出 GDP、第二产业增加值、第三产业增加值的模拟与实际值拟合度较好，Nash-Suttcliffe 系数均大于 0.93；总人口与万元工业增加值用水量、万元 GDP 用水、工业用水量、城镇人口比重模拟与实际值拟合良好，其 Nash-Suttcliffe 系数分别为 0.78、0.61、0.87、0.87、0.87。

为了进一步验证模型的精度，将所有校验的实测和模拟数据进行拟合（图 5-4）。结果发现，实际值与模拟值拟合 R^2 为 0.9896，模型的精度较高。综上所述，模型的重要参数模拟通过了验证。

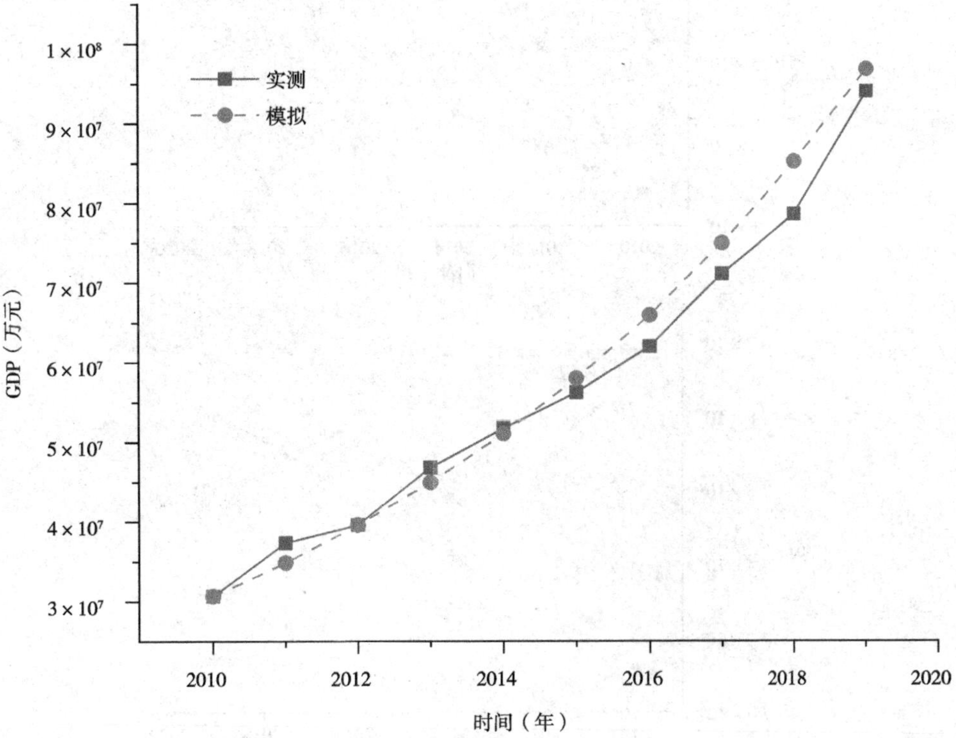

图 5-3

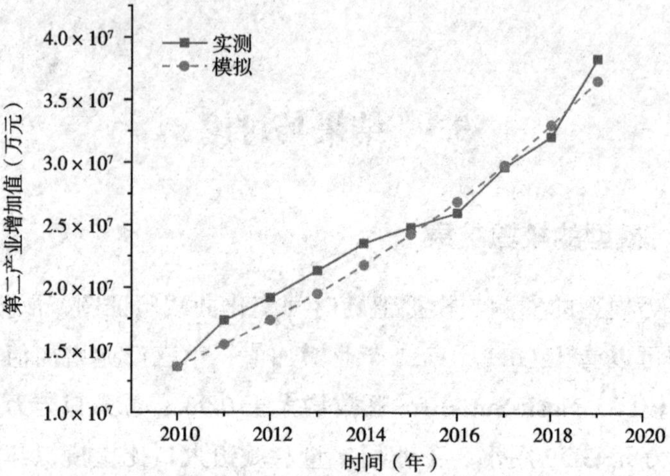
实测
模拟
第二产业增加值（万元）
4.0 × 10⁷
3.5 × 10⁷
3.0 × 10⁷
2.5 × 10⁷
2.0 × 10⁷
1.5 × 10⁷
1.0 × 10⁷
2010
2012
2014
2016
2018
2020
时间（年）

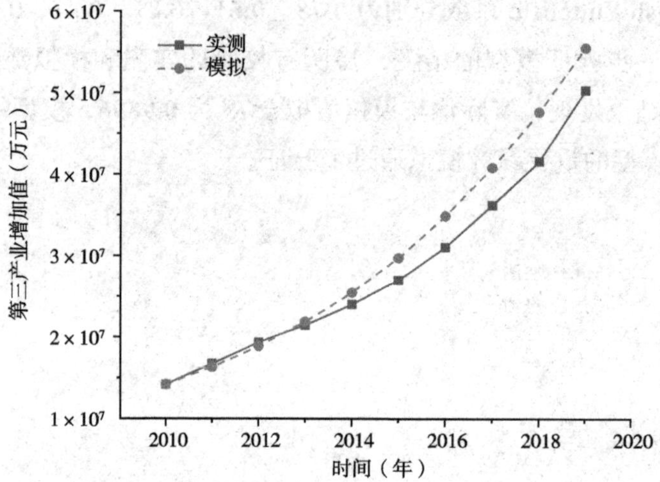
实测
模拟
第三产业增加值（万元）
6 × 10⁷
5 × 10⁷
4 × 10⁷
3 × 10⁷
2 × 10⁷
1 × 10⁷
2010
2012
2014
2016
2018
2020
时间（年）

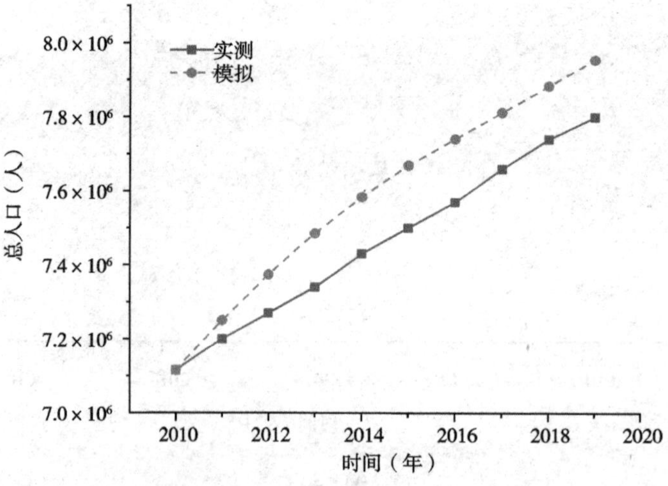
实测
模拟
总人口（人）
8.0 × 10⁶
7.8 × 10⁶
7.6 × 10⁶
7.4 × 10⁶
7.2 × 10⁶
7.0 × 10⁶
2010
2012
2014
2016
2018
2020
时间（年）

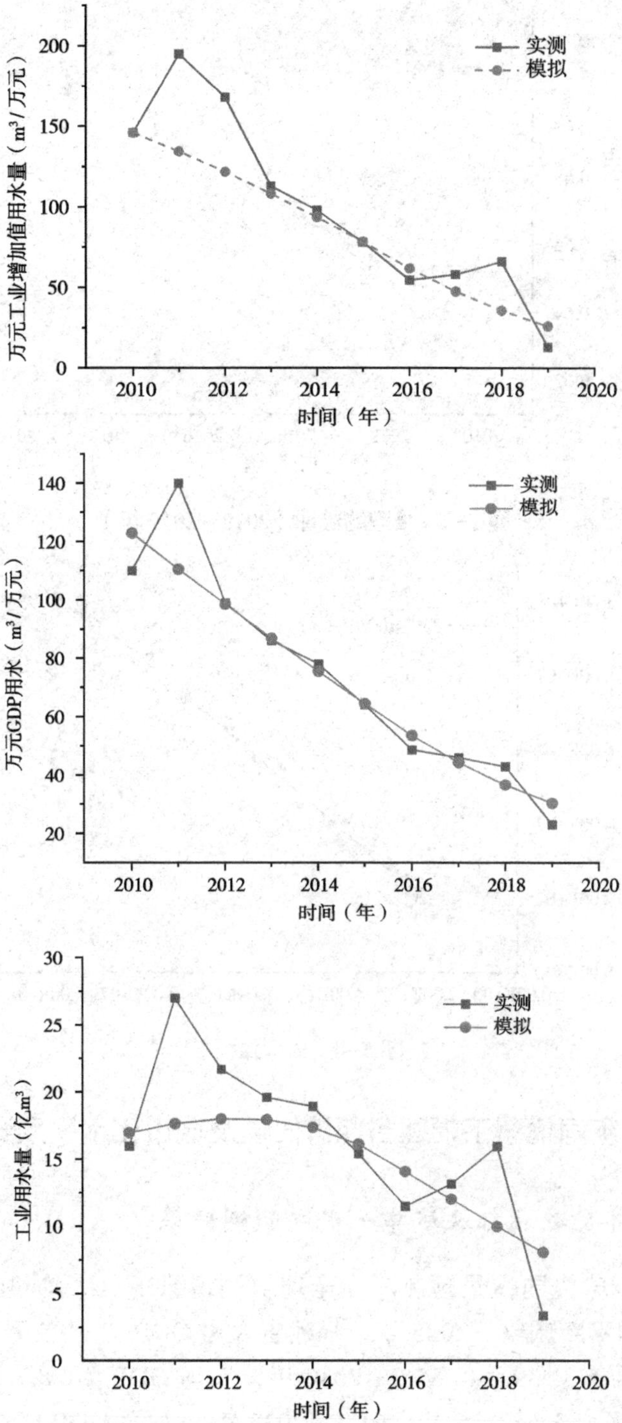
实测
模拟
万元工业增加值用水量（m³/万元）
200
150
100
50
0
2010
2012
2014
2016
2018
2020
时间（年）
实测
模拟
万元GDP用水（m³/万元）
140
120
100
80
60
40
20
2010
2012
2014
2016
2018
2020
时间（年）
实测
模拟
工业用水量（亿m³）
30
25
20
15
10
5
0
2010
2012
2014
2016
2018
2020
时间（年）

图 5-3

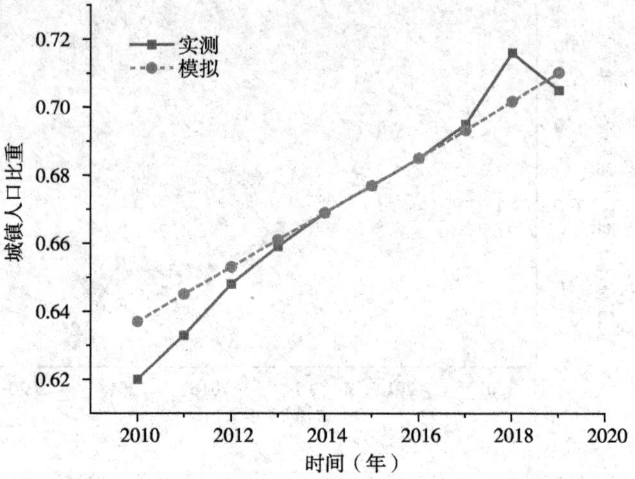

图 5-3　模型的验证（2010—2019 年）

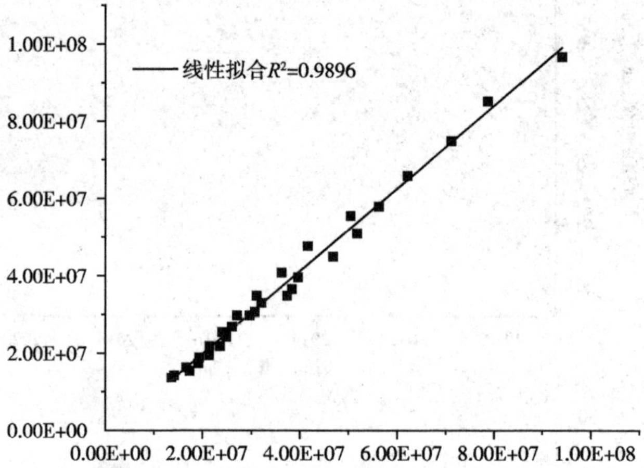

图 5-4　模型拟合

5.3.2　不同情景下福建省经济发展及城市化水平预测

（1）经济发展指标及城市化水平预测结果

第一，全球协同情景预测。在全球协同情景下，人均 GDP 增长快速，三次产业结构不断调整。2025 年，福建省人均 GDP 为 19.5 万元，三次产业结构的比例为 5 ∶ 39.4 ∶ 55.6；2030 年，人均 GDP 为 28.9 万元，三次产业结构的比例为 3.5 ∶ 35.2 ∶ 61.3；2035 年，人均 GDP 增长到了 38.5 万元，三次产业结构比例为 2.7 ∶ 31.7 ∶ 65.6；2050 年，人均 GDP 为 54.0 万元，三次产业结构的比例为 1.8 ： 25.4 ： 72.8。第一产业与第二产业比重逐步下降，第三产业比重逐步上升，经济发展速度是四种情景中最快的。人口城市化率也从 2025 年的 74.7% 上升到 2030 年的 78.8% 再上升到 2035 年的 82.3%，继而上升到 2050 年的 86.8%（表 5–3）。

第二，实力秩序情景预测。在实力秩序情景下，人均 GDP 逐步增长，三次产业结构不断调整。2025 年，福建省人均 GDP 为 16.6 万元，三次产业结构的比例为 5.2 ： 40 ： 54.8；2030 年，人均 GDP 为 21.8 万元，三次产业结构的比例为 3.9 ： 36.8 ： 59.2；2035 年，人均 GDP 增长到了 26.1 万元，三次产业结构比例为 3.2 ： 34.3 ： 62.5；2050 年，人均 GDP 为 31.2 万元，三次产业结构的比例为 2.5 ： 29.9 ： 67.6。第一产业与第二产业比重逐步下降，第三产业比重逐步上升，经济发展速率是四种情景中最慢的。人口城市化率从 2025 年的 71.5% 上升到 2030 年的 74.5% 再上升到 2035 年的 77.0%，继而上升到 2050 年的 79.2%，人口城市化慢于全球协同、适应组合和技术乐园（表 5–4）。

第三，适应组合情景预测。在适应组合情景下，人均 GDP 逐步增长，三次产业结构不断调整。2025 年，福建省人均 GDP 为 17.3 万元，三次产业结构的比例为 5.1 ： 39.7 ： 55.3；2030 年，人均 GDP 为 23.3 万元，三次产业结构的比例为 3.8 ： 35.8 ： 60.5；2035 年，人均 GDP 增长到了 28.8 万元，三次产业结构比例为 3 ： 32.8 ： 64.2；2050 年，人均 GDP 为 36.1 万元，三次产业结构的比例为 2.3 ： 28 ： 69.7。第一产业与第二产业比重逐步下降，第三产业比重逐步上升，经济发展速率小于全球协同和技术乐园情景，稍大于实力秩序。人口城市化率从 2025 年的 72.5% 上升到 2030 年的 75.9% 再上升到 2035 年的 78.9%，继而上升到 2050 年的 82.5%，人口城市化慢于全球协同和技术乐园，快于实力秩序（表 5–5）。

第四，技术乐园情景预测。在技术乐园情景下，人均 GDP 增长快速，三次产业结构不断调整。2025 年，福建省人均 GDP 为 18.5 万元，三次产业结构的比例为 5 ： 38.9 ： 56.1；2030 年，人均 GDP 为 26.5 万元，三次产业结构的比例为 3.6 ： 34.7 ： 61.7；2035 年，人均 GDP 增长到了 34.1 万元，三次产业结构比例为 2.8 ： 31.4 ： 65.8；2050 年，人均 GDP 为 44.7 万元，三次产业结构的比例为 1.9 ： 25.7 ： 72.4。相较于其他三种情景，第一产业与第二产业比重逐步下降，第三产业比重逐步上升，经济发展速率稍小于全球协同情景，大于实力秩序和适应组合。人口城市化率从 2025 年的 73.7% 上升到 2030 年的 77.4% 再上升到 2035 年的 80.7%，继而上升到 2050 年的 84.8%，人口城市化慢于全球协同，快于实力秩序和适应组合（表 5–6）。

表 5-3　2020—2050 年全球协同情景下福建省经济发展及城市化水平预测

城市	时间（年）	城市水平（%）	GDP（万元）	GDP 增长率（%）	人均 GDP（万元）	人均 GDP 增长率（%）	三产比重（%）
福州市	2020	71.9	109883000	15.9	13.7	14.5	4.4 ： 36.8 ： 58.8
	2025	76.2	197506000	11.7	23.6	10.4	3 ： 31.8 ： 65.2
	2030	80.2	313188000	7.6	35.9	6.4	2.2 ： 26.6 ： 71.2
	2035	83.6	431454000	2.8	47.4	1.6	1.9 ： 22.6 ： 75.6
	2050	87.8	611319000	—	58.9	—	1.6 ： 18.7 ： 79.7
厦门市	2020	90.5	71558000	15.5	16.4	13.9	0.4 ： 38.8 ： 60.8
	2025	91.6	127117000	10.7	27.7	9.4	0.2 ： 31.5 ： 68.2
	2030	92.0	195327000	5.4	40.8	4.4	0.2 ： 27.7 ： 72.1
	2035	92.2	248334000	2.5	49.7	1.4	0.2 ： 26.8 ： 73.1
	2050	92.2	340629000	—	60.3	—	0.1 ： 23.5 ： 76.4
莆田市	2020	67.3	31758700	14.1	10.5	12.7	3.9 ： 41.5 ： 54.5
	2025	73.4	54159600	10.1	17.2	8.8	2.8 ： 35.1 ： 62.1
	2030	77.4	81643300	8.8	24.8	7.6	2.2 ： 31.5 ： 66.3
	2035	81.2	117467000	5.4	34.3	4.0	1.7 ： 26.7 ： 71.6
	2050	86.8	213254000	—	54.9	—	1.1 ： 16.7 ： 82.2
三明市	2020	64.6	32453600	10.6	12.3	9.4	9.3 ： 52.2 ： 38.5
	2025	71.1	49667200	10.1	18.2	8.9	6.8 ： 45.2 ： 48
	2030	76.1	74849000	8.1	26.2	7.0	4.7 ： 42.1 ： 53.2
	2035	80.5	105291000	4.3	35.4	3.0	3.5 ： 40.4 ： 56.1
	2050	85.8	172533000	—	51.5	—	2.3 ： 34.3 ： 63.3
泉州市	2020	68.7	122756000	10.5	13.7	9.3	1.9 ： 57.7 ： 40.4
	2025	73.7	187306000	10.7	20.0	9.6	1.6 ： 49.7 ： 48.8
	2030	78.1	287586000	9.3	29.6	8.2	1.2 ： 41.3 ： 57.5
	2035	81.4	420988000	3.0	41.8	2.1	1 ： 34.3 ： 64.7
	2050	87.4	610881000	—	55.2	—	0.8 ： 29.2 ： 70
漳州市	2020	64.8	57289400	12.6	11.0	11.4	8.8 ： 47.4 ： 43.9
	2025	72.4	93354100	10.5	17.3	9.3	6.9 ： 41.7 ： 51.4
	2030	78.2	142226000	8.0	25.3	6.8	5.2 ： 37.5 ： 57.3
	2035	81.4	198825000	4.9	34.0	3.6	4 ： 32.3 ： 63.7
	2050	85.8	344452000	—	52.4	—	2.6 ： 22 ： 75.5
南平市	2020	62.5	23863600	13.8	8.8	12.4	14.3 ： 40.1 ： 45.7
	2025	72.1	40310300	12.5	14.3	11.2	9.6 ： 36.5 ： 53.9
	2030	76.8	65496400	8.9	22.3	7.7	6.4 ： 33.3 ： 60.3
	2035	81.4	94611800	5.6	30.9	4.2	4.6 ： 31.7 ： 63.6
	2050	85.3	173925000	—	50.4	—	2.8 ： 29.5 ： 67.8
龙岩市	2020	66.3	29745900	13.3	11.2	12.1	11.1 ： 46.5 ： 42.3
	2025	70.8	49481700	11.0	17.9	9.7	8 ： 40.4 ： 51.6
	2030	75.1	76661700	7.6	26.6	6.4	5.4 ： 35.9 ： 58.7
	2035	78.9	105838000	4.3	35.2	3.1	4.1 ： 32.8 ： 63.1
	2050	85.2	174324000	—	51.3	—	2.6 ： 25.5 ： 71.8
宁德市	2020	61.6	35401900	14.1	12.0	12.6	9 ： 47.6 ： 43.4
	2025	71.2	60277800	10.6	19.5	9.3	6.2 ： 43 ： 50.8
	2030	75.7	92201500	7.5	28.6	6.3	4.4 ： 41 ： 54.7
	2035	80.0	126656000	3.5	37.6	2.3	3.3 ： 37.7 ： 59
	2050	84.9	192860000	—	50.8	—	2.3 ： 29.4 ： 68.3
福建省	2020	68.7	514710100	13.4	12.2	12.0	7 ： 45.4 ： 47.6
	2025	74.7	859179700	10.9	19.5	9.6	5 ： 39.4 ： 55.6
	2030	78.8	1329178900	7.8	28.9	6.6	3.5 ： 35.2 ： 61.3
	2035	82.3	1849464800	3.5	38.5	2.7	2.7 ： 31.7 ： 65.6
	2050	86.8	2834177000	—	54.0	—	1.8 ： 25.4 ： 72.8

表 5-4　2020—2050 年实力秩序情景下福建省经济发展及城市化水平预测

城市	时间（年）	城市水平（%）	GDP（万元）	GDP 增长率（%）	人均 GDP（万元）	人均 GDP 增长率（%）	三产比重（%）
福州市	2020	71.1	104399000	11.5	13.0	10.0	4.6 ∶ 36.7 ∶ 58.7
	2025	73.8	164228000	7.7	19.5	6.5	3.5 ∶ 32.5 ∶ 64
	2030	76.8	227864000	4.6	25.8	3.5	2.9 ∶ 29 ∶ 68.1
	2035	79.2	279992000	1.5	30.3	0.5	2.7 ∶ 25.9 ∶ 71.4
	2050	80.1	344721000	—	32.6	—	2.6 ∶ 24.3 ∶ 73.1
厦门市	2020	86.7	67499200	10.7	15.4	9.2	0.4 ∶ 38.9 ∶ 60.7
	2025	87.1	103770000	6.9	22.5	5.7	0.3 ∶ 31.7 ∶ 68
	2030	87.3	139602000	2.9	28.8	1.9	0.2 ∶ 27.6 ∶ 72.2
	2035	87.3	159647000	1.5	31.5	0.5	0.2 ∶ 26.1 ∶ 73.6
	2050	87.3	195015000	—	33.8	—	0.2 ∶ 23 ∶ 76.8
莆田市	2020	65.8	29596300	9.9	9.8	8.6	4.1 ∶ 41.7 ∶ 54.2
	2025	69.3	44234500	8.3	14.0	7.1	2.9 ∶ 35.1 ∶ 61.9
	2030	72.6	62612500	6.6	19.0	5.4	2.2 ∶ 30.8 ∶ 67
	2035	75.2	83250400	3.4	24.1	2.1	1.8 ∶ 26.6 ∶ 71.6
	2050	77.9	125568000	—	31.9	—	1.3 ∶ 20.1 ∶ 78.6
三明市	2020	63.6	31541900	7.7	12.0	6.5	9.3 ∶ 51.7 ∶ 38.9
	2025	68.0	43651600	6.0	15.8	4.9	7.2 ∶ 45 ∶ 47.8
	2030	71.5	56790900	5.5	19.7	4.4	5.7 ∶ 43.8 ∶ 50.6
	2035	75.0	72345100	2.9	24.0	1.7	4.6 ∶ 42.8 ∶ 52.6
	2050	78.1	103777000	—	30.2	—	3.3 ∶ 39 ∶ 57.7
泉州市	2020	68.3	118834000	7.3	13.8	6.2	1.9 ∶ 57.5 ∶ 40.6
	2025	71.9	162368000	5.7	18.1	4.7	1.6 ∶ 51.2 ∶ 47.2
	2030	75.1	208540000	4.9	22.3	4.0	1.4 ∶ 47.5 ∶ 51.1
	2035	77.6	259924000	2.1	26.8	1.4	1.2 ∶ 43.2 ∶ 55.6
	2050	79.2	343343000	—	32.3	—	1 ∶ 37.2 ∶ 61.8
漳州市	2020	62.6	54960500	9.3	10.6	8.1	8.7 ∶ 47.6 ∶ 43.7
	2025	67.6	80605700	8.1	14.8	6.8	6.8 ∶ 41.6 ∶ 51.6
	2030	72.0	113081000	6.0	19.9	4.9	5.1 ∶ 36.3 ∶ 58.6
	2035	74.7	146947000	3.0	24.7	1.8	4.1 ∶ 31.4 ∶ 64.5
	2050	78.3	213482000	—	31.6	—	3 ∶ 23.8 ∶ 73.2
南平市	2020	61.5	23250100	10.7	8.6	9.3	14.4 ∶ 40.4 ∶ 45.3
	2025	69.0	35647400	8.9	12.5	7.6	10.1 ∶ 37.8 ∶ 52
	2030	72.0	51428600	6.9	17.3	5.7	7.3 ∶ 35.9 ∶ 56.7
	2035	75.0	69161700	3.2	22.3	2.0	5.6 ∶ 35.7 ∶ 58.6
	2050	77.8	102524000	—	28.9	—	4.1 ∶ 36.2 ∶ 59.7
龙岩市	2020	65.7	28579300	10.6	10.6	9.3	11.2 ∶ 46.7 ∶ 42.2
	2025	68.7	43733400	8.8	15.5	7.6	8.2 ∶ 40.8 ∶ 51
	2030	71.7	63084800	5.1	21.4	4.0	5.8 ∶ 37.5 ∶ 56.6
	2035	74.5	79253500	2.2	25.7	1.1	4.8 ∶ 35.8 ∶ 59.4
	2050	77.0	105249000	—	30.0	—	3.7 ∶ 30 ∶ 66.3
宁德市	2020	60.4	34050900	10.5	11.5	9.2	9 ∶ 47.8 ∶ 43.2
	2025	67.8	51929500	7.0	16.8	5.8	6.4 ∶ 43.9 ∶ 49.7
	2030	71.3	70210200	4.4	21.7	3.3	4.9 ∶ 43.1 ∶ 52
	2035	74.6	85661100	2.1	25.3	1.0	4.1 ∶ 40.9 ∶ 55
	2050	77.4	112199000	—	29.1	—	3.3 ∶ 35.1 ∶ 61.6
福建省	2020	67.3	492711200	9.8	11.7	8.4	7.1 ∶ 45.4 ∶ 47.5
	2025	71.5	730168100	7.2	16.6	6.2	5.2 ∶ 40 ∶ 54.8
	2030	74.5	993214000	4.9	21.8	4.0	3.9 ∶ 36.8 ∶ 59.2
	2035	77.0	1236181800	2.2	26.1	1.3	3.2 ∶ 34.3 ∶ 62.5
	2050	79.2	1645878000	—	31.2	—	2.5 ∶ 29.9 ∶ 67.6

表 5-5 2020—2050 年适应组合情景下福建省经济发展及城市化水平预测

城市	时间（年）	城市水平（%）	GDP（万元）	GDP 增长率（%）	人均 GDP（万元）	人均 GDP 增长率（%）	三产比重（%）
福州市	2020	71.3	104468000	11.7	13.0	10.3	4.7 ∶ 36.7 ∶ 58.7
	2025	74.5	165795000	8.4	19.7	7.1	3.6 ∶ 32.2 ∶ 64.2
	2030	78.0	235162000	5.2	26.7	4.1	3 ∶ 28.1 ∶ 68.9
	2035	81.1	296567000	2.0	32.2	0.9	2.7 ∶ 24.5 ∶ 72.8
	2050	84.3	387163000	—	36.7	—	2.6 ∶ 22.6 ∶ 74.9
厦门市	2020	86.9	67859900	11.0	15.5	9.5	0.4 ∶ 38.7 ∶ 60.9
	2025	87.2	105351000	6.9	22.9	5.7	0.3 ∶ 31.2 ∶ 68.5
	2030	87.6	141859000	3.4	29.4	2.4	0.2 ∶ 27.2 ∶ 72.6
	2035	87.8	166064000	2.2	33.0	1.1	0.2 ∶ 26.1 ∶ 73.7
	2050	87.9	219676000	—	38.4	—	0.2 ∶ 23.8 ∶ 76
莆田市	2020	66.0	30367900	11.0	10.3	9.7	4 ∶ 41.8 ∶ 54.2
	2025	70.0	47006600	8.5	15.3	7.3	2.8 ∶ 35.5 ∶ 61.7
	2030	73.6	66985700	7.6	20.9	6.4	2.2 ∶ 31.8 ∶ 66
	2035	76.4	92315900	3.3	27.6	2.1	1.8 ∶ 28.2 ∶ 70
	2050	82.5	138452000	—	36.5	—	1.4 ∶ 21.4 ∶ 77.2
三明市	2020	64.0	32010000	8.9	12.2	7.7	9.2 ∶ 51.9 ∶ 38.8
	2025	69.2	46295500	7.2	16.9	6.1	6.8 ∶ 45 ∶ 48.2
	2030	73.2	63020000	6.1	22.0	5.0	5.2 ∶ 42.8 ∶ 52
	2035	77.2	82294900	3.2	27.5	2.1	4.1 ∶ 41.8 ∶ 54.1
	2050	81.3	122135000	—	36.0	—	3 ∶ 37.5 ∶ 59.5
泉州市	2020	68.5	120535000	8.4	14.0	7.3	1.9 ∶ 56.3 ∶ 41.8
	2025	72.6	171180000	6.8	19.1	5.8	1.6 ∶ 48.1 ∶ 50.3
	2030	76.3	229349000	5.5	24.7	4.5	1.2 ∶ 40.5 ∶ 58.3
	2035	79.9	291849000	2.2	30.3	1.4	1 ∶ 34.3 ∶ 64.7
	2050	83.5	386674000	—	36.5	—	0.8 ∶ 29.4 ∶ 69.8
漳州市	2020	64.0	55226200	10.0	10.6	8.8	8.7 ∶ 47.4 ∶ 43.9
	2025	69.6	82849000	8.9	15.3	7.7	6.6 ∶ 41.3 ∶ 52.1
	2030	74.2	119875000	6.9	21.2	5.8	4.9 ∶ 36.6 ∶ 58.5
	2035	77.4	161446000	3.4	27.3	2.2	4 ∶ 31.6 ∶ 64.4
	2050	81.8	243212000	—	36.4	—	2.9 ∶ 23.3 ∶ 73.8
南平市	2020	62.1	23574900	11.5	8.7	10.2	14.2 ∶ 40.4 ∶ 45.4
	2025	70.7	37186600	9.1	13.1	7.9	9.8 ∶ 37.6 ∶ 52.6
	2030	74.2	54192500	7.5	18.3	6.4	7.1 ∶ 35.4 ∶ 57.6
	2035	77.7	74592300	4.0	24.1	2.7	5.3 ∶ 34.4 ∶ 60.3
	2050	80.8	118856000	—	34.0	—	3.5 ∶ 33 ∶ 63.5
龙岩市	2020	65.9	28967200	11.3	10.7	10.1	11.1 ∶ 46.9 ∶ 42
	2025	69.4	45390200	9.8	16.2	8.5	8.1 ∶ 41.2 ∶ 50.7
	2030	72.7	67603400	6.5	23.0	5.4	5.7 ∶ 37 ∶ 57.3
	2035	75.5	89713000	2.6	29.2	1.5	4.4 ∶ 34.5 ∶ 61.1
	2050	80.2	124906000	—	35.8	—	3.3 ∶ 28.4 ∶ 68.3
宁德市	2020	61.0	34221800	11.2	11.6	9.8	8.9 ∶ 48.4 ∶ 42.7
	2025	69.5	53378200	8.2	17.3	7.0	6.2 ∶ 44.8 ∶ 49
	2030	73.5	75320200	5.3	23.3	4.2	4.6 ∶ 42.4 ∶ 53
	2035	77.3	95416300	2.6	28.2	1.5	3.7 ∶ 39.8 ∶ 56.5
	2050	80.4	132550000	—	34.6	—	2.8 ∶ 32.6 ∶ 64.6
福建省	2020	67.7	497230900	10.3	11.8	9.2	7 ∶ 45.4 ∶ 47.6
	2025	72.5	754432100	7.9	17.3	6.9	5.1 ∶ 39.7 ∶ 55.3
	2030	75.9	1053366800	5.6	23.3	4.8	3.8 ∶ 35.8 ∶ 60.5
	2035	78.9	1350258400	2.6	28.8	1.7	3 ∶ 32.8 ∶ 64.2
	2050	82.5	1873624000	—	36.1	—	2.3 ∶ 28 ∶ 69.7

表 5-6　2020—2050 年技术乐园情景下福建省经济发展及城市化水平预测

城市	时间（年）	城市水平（%）	GDP（万元）	GDP 增长率（%）	人均 GDP（万元）	人均 GDP 增长率（%）	三产比重（%）
福州市	2020	71.5	108056000	14.6	13.5	13.1	4.5 ∶ 36.8 ∶ 58.7
	2025	75.2	186714000	10.8	22.2	9.5	3.1 ∶ 32 ∶ 64.9
	2030	79.2	287620000	6.7	32.8	5.6	2.3 ∶ 27.3 ∶ 70.4
	2035	82.8	384653000	2.2	42.0	1.1	2 ∶ 23.4 ∶ 74.6
	2050	87.3	513244000	—	49.2	—	1.7 ∶ 19.7 ∶ 78.6
厦门市	2020	90.1	70309500	14.0	16.1	12.3	0.4 ∶ 38.8 ∶ 60.8
	2025	90.6	119458000	9.7	26.0	8.4	0.3 ∶ 31.4 ∶ 68.3
	2030	91.0	177692000	4.9	37.0	3.8	0.2 ∶ 27.2 ∶ 72.6
	2035	91.2	220952000	1.9	44.1	0.9	0.2 ∶ 25.6 ∶ 74.2
	2050	91.2	284169000	—	50.0	—	0.1 ∶ 22.7 ∶ 77.2
莆田市	2020	66.4	31493800	14.3	10.4	12.9	3.9 ∶ 41.1 ∶ 55
	2025	71.0	54068100	10.8	17.2	9.5	2.6 ∶ 33 ∶ 64.4
	2030	74.8	83253800	7.7	25.3	6.6	1.9 ∶ 27.6 ∶ 70.5
	2035	78.1	115390000	3.8	33.6	2.5	1.5 ∶ 23.4 ∶ 75.1
	2050	84.5	180349000	—	46.3	—	1.1 ∶ 16.6 ∶ 82.2
三明市	2020	64.2	32094000	9.4	12.2	8.2	9.3 ∶ 51.8 ∶ 38.9
	2025	70.1	47215400	8.3	17.2	7.1	7 ∶ 44.5 ∶ 48.5
	2030	74.7	66815000	6.9	23.3	5.8	5.1 ∶ 42.1 ∶ 52.8
	2035	78.7	89726100	3.8	30.1	2.6	4 ∶ 41.1 ∶ 54.9
	2050	82.8	141374000	—	42.0	—	2.7 ∶ 36.1 ∶ 61.1
泉州市	2020	68.7	118715000	10.0	13.2	8.8	1.9 ∶ 56.3 ∶ 41.8
	2025	73.3	178200000	9.4	19.1	8.3	1.6 ∶ 48.1 ∶ 50.3
	2030	77.3	261510000	7.7	26.9	6.7	1.2 ∶ 40.5 ∶ 58.3
	2035	81.1	362482000	2.8	36.0	1.9	1 ∶ 34.3 ∶ 64.7
	2050	86.6	512808000	—	46.3	—	0.8 ∶ 29.4 ∶ 69.8
漳州市	2020	64.3	56436800	11.2	10.9	9.9	8.7 ∶ 47.2 ∶ 44.1
	2025	70.4	87927000	9.4	16.3	8.2	6.9 ∶ 41.5 ∶ 51.6
	2030	75.0	129285000	7.4	22.9	6.3	5 ∶ 37.9 ∶ 57.1
	2035	78.6	177409000	4.5	30.2	3.2	3.9 ∶ 33.3 ∶ 62.8
	2050	83.6	296627000	—	44.7	—	2.5 ∶ 22.7 ∶ 74.8
南平市	2020	62.5	23668800	12.6	8.7	11.2	14.1 ∶ 40.3 ∶ 45.6
	2025	72.0	38581400	10.8	13.6	9.5	9.4 ∶ 37 ∶ 53.7
	2030	76.3	59381300	8.4	20.1	7.3	6.4 ∶ 33.8 ∶ 59.8
	2035	80.1	84461900	4.7	27.4	3.4	4.7 ∶ 31.8 ∶ 63.5
	2050	82.7	144018000	—	41.4	—	3 ∶ 29.5 ∶ 67.5
龙岩市	2020	66.1	29206800	11.8	10.9	10.6	11.1 ∶ 46.5 ∶ 42.4
	2025	69.9	46499800	9.7	16.6	8.5	8.1 ∶ 40.2 ∶ 51.7
	2030	73.4	68972000	6.7	23.7	5.6	5.7 ∶ 35.6 ∶ 58.7
	2035	76.7	92053100	3.6	30.3	2.4	4.4 ∶ 32.1 ∶ 63.4
	2050	82.2	141343000	—	41.3	—	3 ∶ 24.1 ∶ 72.9
宁德市	2020	61.4	34797200	12.7	11.8	11.3	9 ∶ 47.6 ∶ 43.4
	2025	70.6	56938400	9.6	18.5	8.4	6.2 ∶ 42.7 ∶ 51.1
	2030	74.9	84263700	6.4	26.2	5.3	4.4 ∶ 40.5 ∶ 55.1
	2035	78.8	111237000	2.7	33.2	1.6	3.4 ∶ 37.5 ∶ 59.1
	2050	82.4	156198000	—	41.3	—	2.6 ∶ 30.1 ∶ 67.4
福建省	2020	68.3	504777900	12.3	12.0	11.0	7 ∶ 45.2 ∶ 47.9
	2025	73.7	815602100	9.9	18.5	8.6	5 ∶ 38.9 ∶ 56.1
	2030	77.4	1218792800	6.9	26.5	5.7	3.6 ∶ 34.7 ∶ 61.7
	2035	80.7	1638364100	3.0	34.1	2.1	2.8 ∶ 31.4 ∶ 65.8
	2050	84.8	2370130000	—	44.7	—	1.9 ∶ 25.7 ∶ 72.4

（2）经济发展指标及城市化水平预测变化趋势

四种情景预测下 2020—2050 年 GDP 和人均 GDP 增长趋势明显趋势，且全球协同＞技术乐园＞适应组合＞实力秩序，同初始设定值一致（图 5-5、图 5-6）。

2020 年，四种情景预测的人均 GDP 均大于 11.7 万元，其中全球协同为 12.2 万元，技术乐园为 12.0 万元；2025 年，四种情景预测的人均 GDP 均大于 16.6 万元，其中全球协同为 19.5 万元，技术乐园为 18.5 万元，已达到发达国家经济发展水平；2035 年，四种情景预测的人均 GDP 均大于 26.1 万元，其中全球协同为 38.5 万元，技术乐园为 34.1 万元，已达到发达国家经济发展水平。2020—2050 年城市化水平的发展趋势线性增加，且全球协同＞技术乐园＞适应组合＞实力秩序，同初始设定值一致，因为经济发展越快，人口流动越快。2025 年，四种情景预测的城市化水平均大于 71.5%；2030 年，四种情景预测的城市化水平均大于 74.5%，达到了城市化发展的高级阶段（图 5-7）。

从图 5-8 中可以看出，2020—2050 年的第一产业、第二产业比重逐渐降低，第三产业比重逐渐增加，且全球协同情景的第三产业比重增加趋势相应的大于技术乐园、适应组合和实力秩序。2050 年，四种情景的第三产业比值均已经达到了中等发达国家水平。

综上所述，单纯从经济发展水平来看，全球协同情景是最适合城市化发展的情景，在该情景下，经济发展快速，城市化水平增长也较快，但是经济发展的同时还受到环境因素的制约，因此模拟预测期间用水量的多少及单位产值用水能耗是必须要讨论的部分。

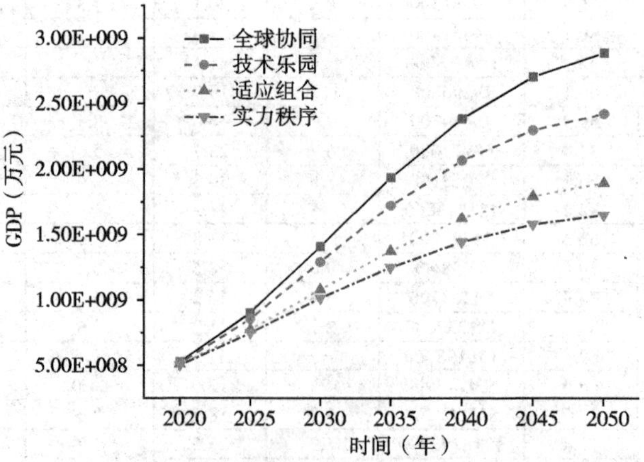

图 5-5　2020—2050 年四种情景预测下福建省 GDP 变化趋势

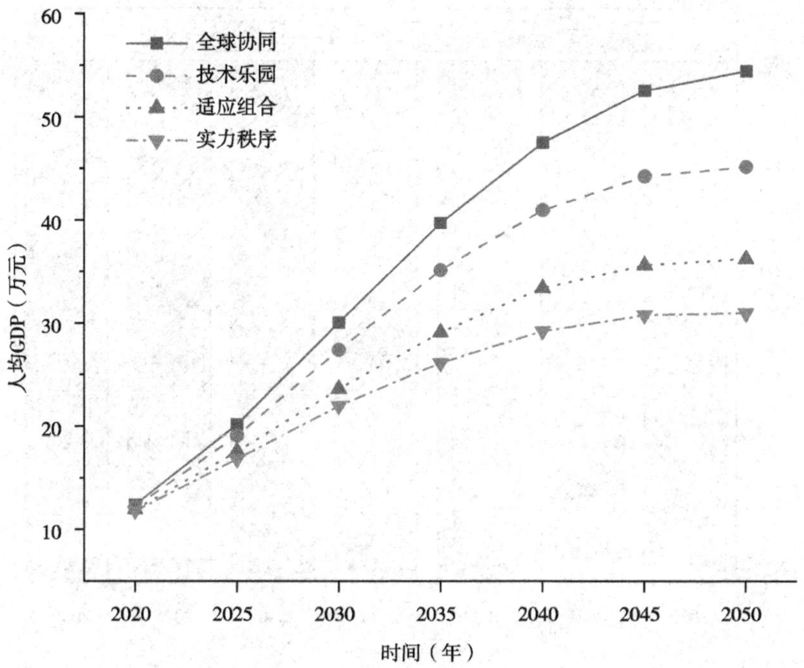

图 5-6　2020—2050 年四种情景预测下福建省人均 GDP 变化趋势

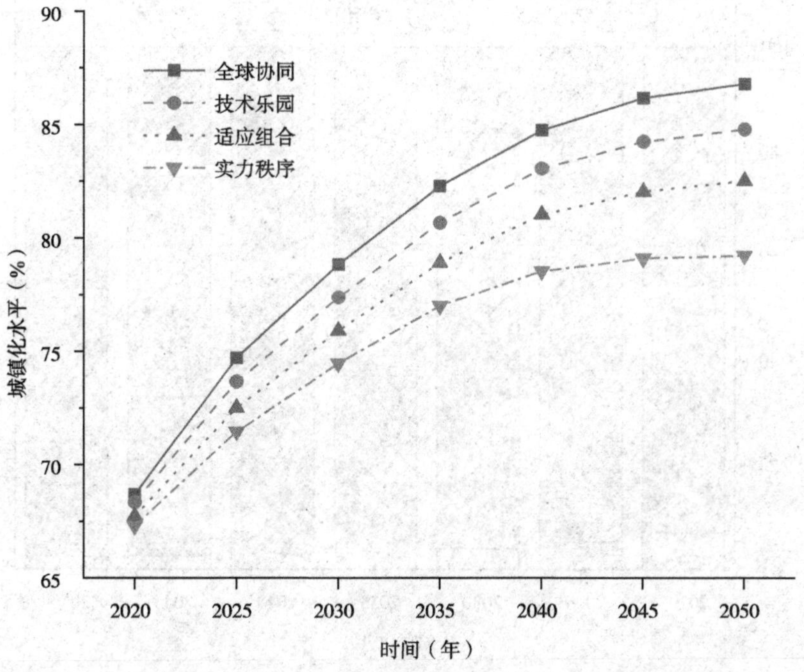

图 5-7　2020—2050 年四种情景预测下福建省城市化水平变化趋势

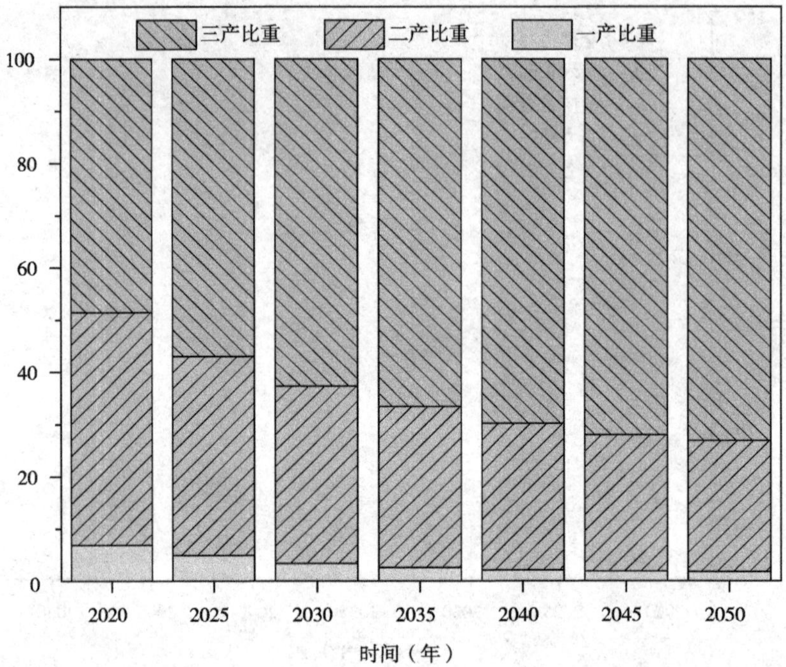

a. 全球协同情景（单位：%）

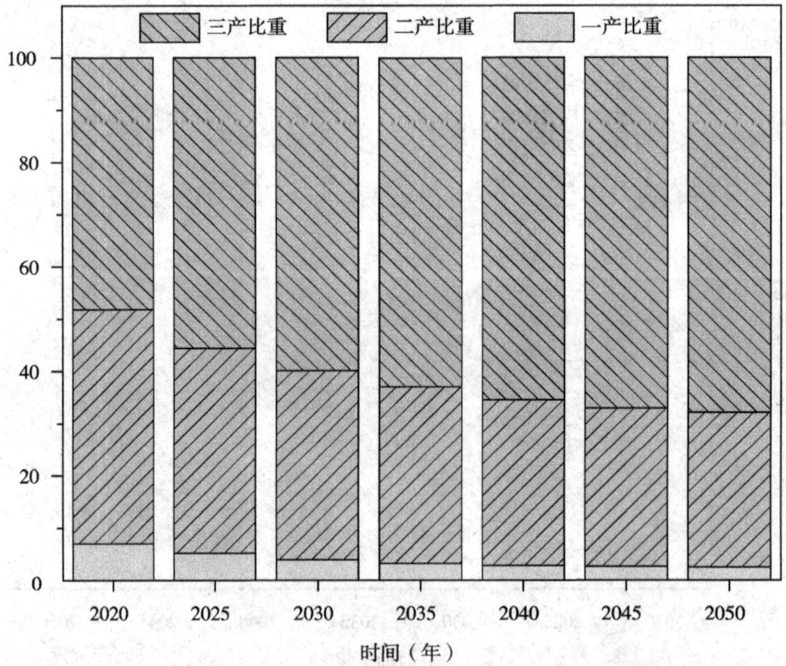

b. 实力秩序情景（单位：%）

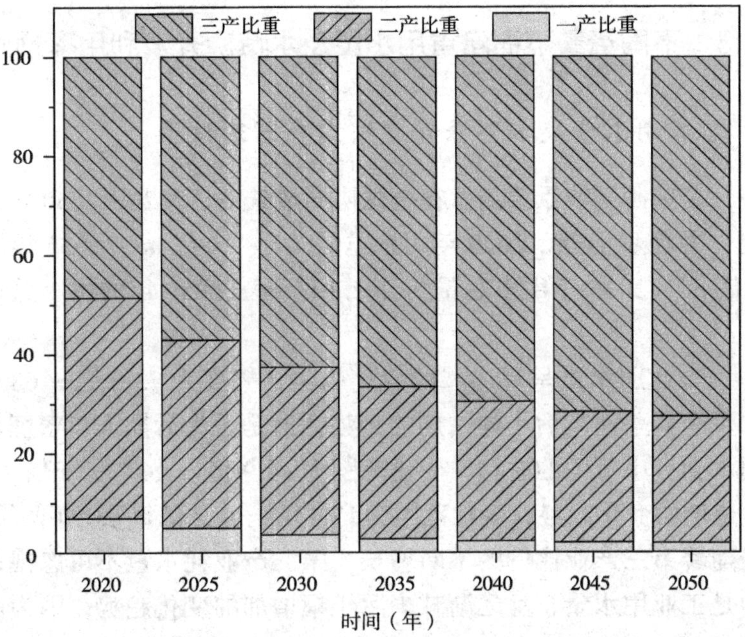

c. 适应组合情景（单位：%）

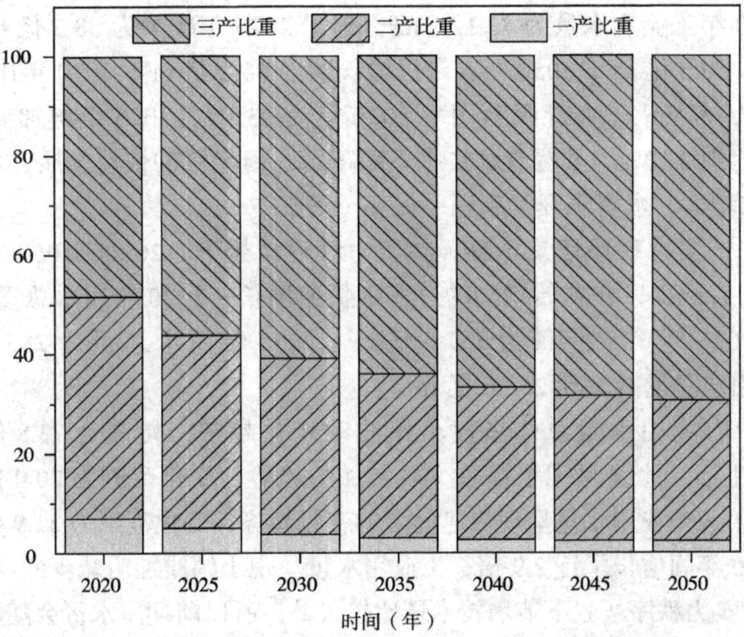

d. 技术乐园情景（单位：%）

图 5-8　2020—2050 年四种情景预测下福建省三产比值变化趋势

5.3.3 不同情景下福建省用水量及水资源开发利用率预测

（1）各类用水量及水资源开发利用率预测结果

第一，全球协同情景预测。在全球协同情景下，2020—2050 年用水总量先减后增，并稳步上升，2020 年用水总量为 187.4 亿 m³，2025 年用水总量为 177.9 亿 m³，2035 年用水总量为 202.2 亿 m³，2050 年的用水总量增长到 239.3 亿 m³。

其中，农业用水量呈现递减的变化趋势，幅度为 73.9 亿～ 68.6 亿 m³；生活用水量总体呈递减后小幅增加的趋势，这是因为后期人口密度较大，所以生活用水会有小范围的波动，变化范围为 19.9 亿～ 16.7 亿 m³；第三产业用水量呈递增的变化趋势，变化范围为 17.4 亿～ 84.3 亿 m³，30 年间增长了 4.8 倍，说明随着第三产业比例的不断增长，第三产业耗水量不可忽视；其次变化最大的是工业用水量，呈逐渐减少后小幅增加的变化趋势，因为前期节水技术的发展所以用水量有所减少，后又因为经济的增长导致工业用水量有所升高。

2020 年工业用水量为 73.1 亿 m³，到了 2025 年减少为 58.5 亿 m³，2035 年增长为 60.5 亿 m³，2050 年，最后增长到了 65.2 亿 m³，2050 年比 2020 年减少了 7.9 亿 m³；水资源利用率 2020 年为 23.1%，2025 年增加到 24.0%，2050 年达到 37.3%。虽然节水技术不断革新，但经济的快速发展，依然使得用水需求增大，水资源开发利用率提高（表 5–7）。

第二，实力秩序情景预测。在实力秩序情景下，2020—2050 年用水总量先增加后减少，在初始增加的过程中快速增长，2020 年用水总量为 240.3 亿 m³，2025 年用水总量为 257.0 亿 m³，2035 年用水总量为 283.4 亿 m³，2050 年用水总量减少到 252.0 亿 m³。

其中农业用水量总体呈现小幅波动变化趋势，幅度为 73.8 亿～ 72.6 亿 m³；生活用水量呈现小幅减少后增加的趋势，变化范围为 20.0 亿～ 22.6 亿 m³；第三产业用水量呈现快速递增的变化趋势，变化范围为 31.9 亿～ 91.8 亿 m³，30 年间增长了近 2.9 倍；工业用水量呈现小幅增加后减少的变化趋势，这是因为实力秩序场景下节水技术还比较欠缺，所以前期用水量会随着经济的发展而升高，接下来因为节水技术的更新且经济发展较为缓慢，所以工业用水量逐渐减少。

2020 年工业用水量为 110.7 亿 m³，2025 年增加为 111.6 亿 m³，2030 年

增长到了 115.6 亿 m^3，到了 2035 年，减少到了 107.0 亿 m^3，2050 年，最终减少到了 61.1 亿 m^3，2050 年比 2020 年减少了 49.6 亿 m^3；水资源利用率 2020 年为 28.9%，2025 年达到 32.7%，2050 年最终达到 38.4%，大于全球协同情景（表 5–8）。

第三，适应组合情景预测。在适应组合情景下，2020—2050 年用水总量先增加后减少，2020 年用水总量为 231.8 亿 m^3，2025 年用水总量为 246.0 亿 m^3，2035 年用水总量增加到 270.0 亿 m^3，2050 年用水总量又减少到 235.7 亿 m^3。

其中，农业用水量呈现小幅递减的变化趋势，幅度为 73.9 亿～ 71.4 亿 m^3；生活用水量呈现先递减后增加的趋势，变化范围为 18.8 亿～ 20.9 亿 m^3；第三产业用水量呈现快速递增的变化趋势，变化范围为 28.7 亿～ 81.0 亿 m^3，30 年间增长了近 2.8 倍；工业用水量呈前期小范围波动后期呈减少的变化趋势。

2020 年工业用水量为 105.8 亿 m^3，2025 年为 106.7 亿 m^3，2030 年，又增长到了 110.4 亿 m^3，2035 年，又降到了 103.4 亿 m^3，2050 年，最终减少到了 59.3 亿 m^3，2050 年比 2020 年减少了 46.5 亿 m^3；水资源利用率 2020 年为 27.6%，2025 年达到 30.6%，2050 年最终达到 35.8%，小于实力秩序（表 5–9）。

第四，技术乐园情景预测。技术乐园情景下，由于节水技术和经济的互相促进，用水总量总体上呈先降低后期增加的变化趋势，2020 年用水总量为 183.7 亿 m^3，2025 年用水总量为 166.6 亿 m^3，2035 年用水总量为 170.4 亿 m^3，2050 年的用水总量增长到 184.5 亿 m^3，在四种情景中最小。其中，农业用水量总体呈现递减的变化趋势，幅度为 73.8 亿～ 65.1 亿 m^3；生活用水量总体呈现递减后小幅增加的变化趋势，变化范围为 19.7 亿～ 15.5 亿 m^3；第三产业用水量呈现快速递增的变化趋势，变化范围为 16.8 亿～ 56.8 亿 m^3，30 年间增长了近 3.4 倍；工业用水量呈现减少后小范围波动的变化趋势。

2020 年工业用水量为 70.3 亿 m^3，2025 年减少为 51.9 亿 m^3，，到了 2035 年，减少到了 45.0 亿 m^3，2050 年减少为 42.9 亿 m^3，2050 年比 2020 年减少了 27.4 亿 m^3；水资源利用率 2020 年为 22.4%，2025 年达到 22.1%，2050 年达到 28.4%，小于全球协同、适应组合与实力秩序，进一步说明了技术乐园情景是降低能耗，维护水资源的最佳情景（表 5–10）。

表 5-7　2020—2050 年全球协同情景下福建省用水量及水资源开发利用率预测

城市	时间（年）	水资源开发利用率（%）	万元工业增加值用水量（m^3/万元）	生活用水量（亿 m^3）	工业用水量（亿 m^3）	第三产业用水量（亿 m^3）	农业用水量（亿 m^3）	用水总量（亿 m^3）	水资源红线（亿 m^3）
福州市	2020	35.3	47.2	4.0	16.2	3.8	12.4	37.5	36.7
	2025	31.8	22.2	3.6	11.8	5.2	12.0	33.8	—
	2030	33.1	15.2	3.3	10.8	8.2	11.8	35.1	38.9
	2035	36.1	13.2	3.3	10.9	11.5	11.5	38.3	—
	2050	41.5	11.0	3.8	10.7	17.1	11.4	44.1	—
厦门市	2020	62.6	10.8	2.2	2.5	2.5	1.4	8.8	9.3
	2025	78.4	10.3	2.0	3.5	4.0	1.3	11.0	—
	2030	98.3	10.0	1.9	4.6	5.9	1.2	13.8	11.3
	2035	114.2	10.0	1.8	5.6	7.2	1.2	16.0	—
	2050	142.9	10.0	2.0	6.8	10.1	1.0	20.0	—
莆田市	2020	24.3	24.5	1.5	2.7	1.7	2.4	8.9	13.4
	2025	26.0	17.1	1.4	2.8	2.5	2.3	9.6	—
	2030	27.6	13.3	1.4	2.9	3.0	2.3	10.1	13.4
	2035	30.8	11.7	1.3	3.1	3.9	2.4	11.3	—
	2050	42.4	11.1	1.4	3.4	7.6	2.6	15.5	—
三明市	2020	9.7	56.0	1.4	8.1	1.1	10.5	21.1	27.1
	2025	8.8	29.0	1.4	5.5	1.8	10.3	19.0	—
	2030	9.1	22.1	1.2	5.9	2.1	10.4	19.7	28.2
	2035	9.2	16.5	1.2	6.0	2.6	10.2	20.0	—
	2050	9.8	11.0	1.2	5.5	4.6	9.9	21.3	—
泉州市	2020	30.6	28.4	4.1	17.1	3.5	6.7	32.3	36.4
	2025	29.0	17.4	3.6	13.8	5.5	6.7	30.6	—
	2030	29.8	13.0	3.4	13.1	7.2	6.8	31.5	38.0
	2035	34.0	10.9	3.4	13.4	11.1	7.0	35.9	—
	2050	43.5	10.9	3.8	16.5	17.4	7.2	45.9	—
漳州市	2020	17.7	25.5	2.4	5.9	1.7	11.2	21.2	25.0
	2025	16.8	14.7	2.2	4.9	2.3	10.7	20.1	—
	2030	17.8	11.6	2.1	5.3	3.6	10.3	21.3	26.5
	2035	19.9	11.0	2.1	6.0	5.4	10.2	23.7	—
	2050	25.2	11.0	2.3	7.1	11.0	9.7	30.1	—
南平市	2020	8.4	106.4	1.4	8.6	1.0	14.5	25.7	28.7
	2025	8.2	62.4	1.4	7.8	1.3	14.4	25.0	—
	2030	8.0	35.4	1.3	6.6	2.1	14.3	24.4	29.9
	2035	7.9	22.8	1.2	5.8	2.9	14.1	24.2	—
	2050	8.4	12.9	1.2	5.6	5.4	13.4	25.9	—
龙岩市	2020	10.5	61.8	1.4	7.3	1.0	9.7	19.4	25.3
	2025	9.6	30.8	1.3	5.2	1.7	9.5	17.7	—
	2030	9.9	22.4	1.2	5.2	2.6	9.4	18.4	26.3
	2035	10.3	17.2	1.1	5.1	3.3	9.4	19.0	—
	2050	10.7	11.3	1.2	4.3	5.2	9.2	19.8	—
宁德市	2020	8.8	32.0	1.5	4.6	1.2	5.2	12.6	17.0
	2025	7.8	14.5	1.5	3.2	1.5	5.0	11.1	—
	2030	8.6	12.4	1.3	4.0	2.2	4.8	12.4	17.5
	2035	9.6	11.3	1.3	4.6	3.2	4.7	13.8	—
	2050	11.6	11.0	1.3	5.3	5.7	4.3	16.6	—
福建省	2020	23.1	43.6	19.9	73.1	17.4	73.9	187.4	218.9
	2025	24.0	24.3	18.3	58.5	25.7	72.2	177.9	—
	2030	26.9	17.3	17.1	58.3	36.8	71.3	186.7	230.0
	2035	30.2	13.8	16.7	60.5	51.1	70.7	202.2	—
	2050	37.3	11.1	18.0	65.2	84.3	68.6	239.3	—

表 5-8　2020—2050 年实力秩序情景下福建省用水量及水资源开发利用率预测

城市	时间（年）	水资源开发利用率（%）	万元工业增加值用水量（m^3/万元）	生活用水量（亿 m^3）	工业用水量（亿 m^3）	第三产业用水量（亿 m^3）	农业用水量（亿 m^3）	用水总量（亿 m^3）	水资源红线（亿 m^3）
福州市	2020	37.9	52.2	4.4	17.0	5.5	12.3	40.3	36.7
	2025	42.5	42.6	4.3	19.3	8.6	11.7	45.1	—
	2030	44.8	33.6	4.3	18.8	12.0	11.4	47.6	38.9
	2035	44.4	25.4	4.3	15.7	14.8	11.2	47.1	—
	2050	43.9	15.0	4.9	10.7	18.7	11.2	46.5	—
厦门市	2020	72.8	12.7	2.3	2.8	3.5	1.4	10.2	9.3
	2025	92.4	12.4	2.3	3.5	5.8	1.3	13.0	—
	2030	111.1	12.2	2.3	4.0	7.9	1.3	15.6	11.3
	2035	121.4	12.2	2.3	4.3	9.0	1.2	17.0	—
	2050	142.7	12.2	2.5	4.6	11.5	1.2	20.0	—
莆田市	2020	34.2	40.8	1.6	4.3	3.7	2.4	12.6	13.4
	2025	39.9	35.0	1.5	4.6	5.6	2.3	14.6	—
	2030	46.8	30.2	1.5	4.9	7.7	2.4	17.2	13.4
	2035	50.1	24.6	1.5	4.6	9.1	2.5	18.4	—
	2050	44.6	15.2	1.7	3.2	8.1	2.7	16.4	—
三明市	2020	16.2	152.0	1.5	21.1	1.9	10.5	35.0	27.1
	2025	16.2	120.5	1.4	20.1	3.0	10.5	35.2	—
	2030	16.5	93.5	1.4	19.8	3.7	10.8	35.7	28.2
	2035	16.1	71.0	1.3	18.7	3.9	10.9	34.8	—
	2050	10.8	15.7	1.5	5.4	5.2	11.1	23.3	—
泉州市	2020	40.4	38.0	4.1	22.1	8.7	6.8	42.6	36.4
	2025	41.8	27.0	3.9	19.1	13.3	6.9	44.1	—
	2030	45.0	22.4	3.9	18.9	16.7	7.0	47.5	38.0
	2035	46.6	18.0	4.0	17.2	19.7	7.3	49.2	—
	2050	42.5	14.5	4.4	15.8	16.2	7.5	44.8	—
漳州市	2020	22.4	46.4	2.4	10.3	3.0	11.0	26.8	25.0
	2025	23.6	36.0	2.4	10.3	4.8	10.7	28.2	—
	2030	26.0	30.8	2.5	10.7	7.4	10.5	31.1	26.5
	2035	27.2	25.1	2.5	9.9	9.6	10.5	32.5	—
	2050	27.8	15.3	2.9	6.6	13.3	10.4	33.2	—
南平市	2020	9.5	145.0	1.4	11.6	1.6	14.5	29.2	28.7
	2025	10.2	112.0	1.4	12.8	2.3	14.4	31.2	—
	2030	10.7	84.0	1.4	13.2	3.4	14.5	32.7	29.9
	2035	10.8	59.0	1.4	12.4	4.5	14.5	33.0	—
	2050	9.0	16.5	1.5	5.2	6.1	14.5	27.6	—
龙岩市	2020	13.8	110.1	1.4	12.5	1.9	9.8	25.6	25.3
	2025	14.6	84.0	1.4	12.7	3.2	9.7	27.0	—
	2030	16.8	77.1	1.3	15.5	4.5	9.7	31.1	26.3
	2035	17.0	63.5	1.4	15.3	4.9	9.8	31.5	—
	2050	11.8	15.8	1.5	4.2	6.3	9.9	21.9	—
宁德市	2020	12.6	66.0	1.6	9.1	2.1	5.3	18.0	17.0
	2025	13.0	47.0	1.5	9.1	2.7	5.2	18.6	—
	2030	13.9	38.0	1.5	9.8	3.6	5.1	20.0	17.5
	2035	13.9	29.9	1.5	8.9	4.4	5.1	19.9	—
	2050	12.8	15.8	1.7	5.3	6.4	4.9	18.3	—
福建省	2020	28.9	73.7	20.6	110.7	31.9	73.8	240.3	218.9
	2025	32.7	57.4	20.2	111.6	49.3	72.7	257.0	—
	2030	36.8	46.9	20.0	115.6	66.9	72.6	278.3	230.0
	2035	38.6	36.5	20.2	107.0	80.0	73.0	283.4	—
	2050	38.4	15.1	22.6	61.1	91.8	73.4	252.0	—

表 5-9　2020—2050 年适应组合情景下福建省用水量及水资源开发利用率预测

城市	时间（年）	水资源开发利用率（%）	万元工业增加值用水量（m^3/万元）	生活用水量（亿 m^3）	工业用水量（亿 m^3）	第三产业用水量（亿 m^3）	农业用水量（亿 m^3）	用水总量（亿 m^3）	水资源红线（亿 m^3）
福州市	2020	35.8	47.2	4.1	15.4	5.1	12.3	38.0	36.7
	2025	39.1	37.2	4.0	16.9	7.7	11.8	41.5	—
	2030	40.2	27.2	3.9	15.3	10.9	11.5	42.6	38.9
	2035	39.2	19.2	3.8	11.9	13.5	11.3	41.6	—
	2050	41.0	12.7	4.4	9.4	17.3	11.3	43.5	—
厦门市	2020	68.6	12.0	2.3	2.7	3.1	1.4	9.6	9.3
	2025	83.1	11.6	2.2	3.2	4.8	1.3	11.7	—
	2030	97.7	11.4	2.1	3.7	6.4	1.3	13.7	11.3
	2035	107.5	11.4	2.1	4.2	7.4	1.2	15.1	—
	2050	133.1	11.4	2.3	5.1	10.0	1.1	18.7	—
莆田市	2020	33.6	39.2	1.5	4.2	3.6	2.4	12.3	13.4
	2025	39.4	33.4	1.4	4.7	5.4	2.3	14.5	—
	2030	45.9	29.0	1.4	5.2	7.2	2.4	16.8	13.4
	2035	49.2	24.0	1.4	5.3	8.3	2.5	18.0	—
	2050	40.3	12.8	1.5	3.2	6.8	2.7	14.8	—
三明市	2020	16.2	151.0	1.4	21.3	1.8	10.5	35.2	27.1
	2025	16.5	118.0	1.4	20.9	3.0	10.4	35.7	—
	2030	16.7	90.0	1.3	20.6	3.7	10.6	36.3	28.2
	2035	16.0	65.0	1.3	19.0	3.8	10.6	34.7	—
	2050	10.1	13.5	1.4	5.3	4.5	10.6	21.8	—
泉州市	2020	37.4	34.0	4.0	20.1	7.6	6.7	39.4	36.4
	2025	38.4	23.0	3.7	17.2	11.9	6.8	40.5	—
	2030	41.7	18.4	3.6	17.1	15.4	6.9	44.0	38.0
	2035	44.3	15.0	3.7	16.6	18.3	7.1	46.7	—
	2050	40.7	12.8	4.1	16.2	14.2	7.4	42.9	—
漳州市	2020	21.4	42.4	2.4	9.4	2.5	11.1	25.6	25.0
	2025	22.2	32.0	2.4	9.3	4.1	10.7	26.6	—
	2030	24.4	27.0	2.4	10.1	6.2	10.4	29.2	26.5
	2035	25.2	21.4	2.5	9.3	7.9	10.4	30.1	—
	2050	25.8	13.0	2.8	6.3	11.7	10.1	30.8	—
南平市	2020	9.4	141.0	1.4	11.4	1.4	14.5	28.9	28.7
	2025	10.1	108.0	1.4	12.9	2.0	14.4	30.9	—
	2030	10.4	80.0	1.4	13.0	3.0	14.4	32.0	29.9
	2035	10.3	55.0	1.3	12.0	3.9	14.4	31.8	—
	2050	8.3	13.8	1.5	4.6	5.3	14.0	25.6	—
龙岩市	2020	13.8	108.0	1.4	12.5	1.8	9.8	25.4	25.3
	2025	14.6	81.0	1.3	12.9	3.1	9.7	27.0	—
	2030	17.0	74.1	1.3	15.8	4.7	9.7	31.4	26.3
	2035	17.4	60.5	1.3	15.9	5.2	9.7	32.1	—
	2050	11.2	13.7	1.4	4.1	5.5	9.6	20.7	—
宁德市	2020	12.1	62.0	1.5	8.7	1.8	5.2	17.4	17.0
	2025	12.4	43.0	1.5	8.7	2.4	5.1	17.7	—
	2030	13.4	35.0	1.4	9.5	3.3	5.0	19.2	17.5
	2035	13.8	28.8	1.4	9.3	4.2	4.9	19.8	—
	2050	11.9	13.8	1.6	5.1	5.7	4.6	17.0	—
福建省	2020	27.6	70.8	20.2	105.8	28.7	73.9	231.8	218.9
	2025	30.6	54.1	19.3	106.7	44.3	72.5	246.0	—
	2030	34.2	43.6	18.8	110.4	60.8	72.1	265.2	230.0
	2035	35.9	33.4	18.8	103.4	72.5	72.1	270.0	—
	2050	35.8	13.1	20.9	59.3	81.0	71.4	235.7	—

表 5-10　2020—2050 年技术乐园情景下福建省用水量及水资源开发利用率预测

城市	时间（年）	水资源开发利用率（%）	万元工业增加值用水量（m^3/万元）	生活用水量（亿 m^3）	工业用水量（亿 m^3）	第三产业用水量（亿 m^3）	农业用水量（亿 m^3）	用水总量（亿 m^3）	水资源红线（亿 m^3）
福州市	2020	34.7	46.6	4.0	15.7	3.6	12.5	36.9	36.7
	2025	30.0	20.7	3.5	10.5	4.5	12.2	31.8	—
	2030	30.1	13.5	3.2	9.0	6.7	11.9	31.9	38.9
	2035	31.2	10.9	3.1	8.3	9.0	11.6	33.1	—
	2050	32.5	7.0	3.5	6.0	12.6	11.3	34.5	—
厦门市	2020	59.6	9.8	2.2	2.3	2.4	1.4	8.4	9.3
	2025	70.1	9.2	1.9	2.9	3.6	1.3	9.8	—
	2030	83.5	8.8	1.8	3.6	4.9	1.2	11.7	11.3
	2035	92.5	8.8	1.7	4.2	5.8	1.1	13.0	—
	2050	107.1	8.8	1.8	4.8	7.3	0.9	15.0	—
莆田市	2020	23.7	24.1	1.5	2.7	1.6	2.4	8.7	13.4
	2025	23.9	16.1	1.4	2.4	2.1	2.3	8.8	—
	2030	24.9	12.1	1.3	2.4	2.6	2.3	9.1	13.4
	2035	26.2	10.0	1.2	2.3	3.2	2.4	9.6	—
	2050	31.8	9.1	1.2	2.3	5.0	2.6	11.7	—
三明市	2020	9.5	54.0	1.4	7.6	1.1	10.5	20.7	27.1
	2025	8.3	26.0	1.3	4.6	1.6	10.2	17.9	—
	2030	8.0	17.6	1.2	4.2	1.6	10.2	17.3	28.2
	2035	7.7	12.8	1.1	4.0	1.7	9.9	16.7	—
	2050	7.8	8.8	1.1	3.8	2.8	9.1	16.8	—
泉州市	2020	29.6	28.4	4.0	16.1	3.4	6.7	31.2	36.4
	2025	26.6	16.6	3.5	12.1	4.8	6.7	28.0	—
	2030	24.7	11.0	3.2	9.9	5.3	6.7	26.0	38.0
	2035	26.7	8.9	3.2	9.4	7.7	6.9	28.1	—
	2050	32.7	8.9	3.5	11.4	11.7	7.0	34.5	—
漳州市	2020	17.6	25.1	2.4	5.7	1.6	11.2	21.0	25.0
	2025	15.9	13.6	2.1	4.2	1.9	10.7	19.0	—
	2030	16.0	10.4	2.0	4.3	2.5	10.3	19.1	26.5
	2035	17.1	9.5	1.9	4.8	3.6	10.0	20.4	—
	2050	19.7	8.7	2.1	5.0	7.2	9.2	23.5	—
南平市	2020	8.3	106.0	1.4	8.6	0.9	14.5	25.6	28.7
	2025	7.9	61.0	1.4	7.4	0.9	14.3	24.2	—
	2030	7.3	33.4	1.2	5.7	1.2	14.1	22.4	29.9
	2035	7.0	20.4	1.1	4.7	1.9	13.7	21.6	—
	2050	6.8	9.4	1.1	3.4	3.4	12.7	20.8	—
龙岩市	2020	10.4	61.8	1.4	7.1	0.9	9.7	19.2	25.3
	2025	9.2	30.2	1.2	4.8	1.5	9.5	17.1	—
	2030	9.1	20.7	1.1	4.3	2.1	9.4	16.9	26.3
	2035	9.0	14.8	1.0	3.7	2.6	9.3	16.7	—
	2050	8.4	8.8	1.1	2.6	3.4	8.6	15.6	—
宁德市	2020	8.5	31.8	1.5	4.5	1.2	5.0	12.2	17.0
	2025	7.0	13.8	1.4	2.9	1.2	4.6	10.1	—
	2030	7.4	11.4	1.3	3.3	1.6	4.4	10.6	17.5
	2035	7.8	10.1	1.2	3.6	2.1	4.2	11.2	—
	2050	8.4	9.0	1.2	3.6	3.4	3.8	12.1	—
福建省	2020	22.4	43.1	19.7	70.3	16.8	73.8	183.7	218.9
	2025	22.1	23.0	17.8	51.9	22.1	71.7	166.6	—
	2030	23.4	15.4	16.2	46.7	28.5	70.4	165.0	230.0
	2035	25.0	11.8	15.5	45.0	37.5	69.1	170.4	—
	2050	28.4	8.7	16.5	42.9	56.8	65.1	184.5	—

（2）用水量及水资源开发利用率预测变化趋势

全球协同、实力秩序和适应组合三种情景下，用水总量变化线性增长趋势明显，且远大于技术乐园情景（图 5-9）。从图 5-9 中可以看出，实力秩序和适应组合是用水量最多的，后期全球协同情景用水量有上升趋势，这是因为在实力秩序与适应组合情景下对环境技术革新的力度是较小的，导致万元 GDP 耗水量降低力度不足，前期虽然经济发展不如全球协同，却导致工业、第三产业等相应的产业用水量是较多的；全球协同经济的发展是快速的，这就导致总用水量呈上升的趋势，因此在 2050 年其全球协同情景下的用水量有与适应组合用水量相等的趋势。实力秩序情景是一个区域化和破碎化的世界，发展局限于本地区，对生态系统问题采用被动式的管理途径。该情景下，经济发展速度是最慢的，同时对环境技术革新的力度也是最弱的，导致在各个行业的用水量方面是最高的。从图 5-12 中也可以看出，四种情景的万元工业增加值用水量实力秩序最多，适应组合次之，技术乐园最少，符合模型的初始给定值。技术乐园情景由于环境应用技术水平高速发展，所以万元 GDP 能耗降低较快，合理地控制了用水总量的增长，变化范围为 165.0 亿～ 184.5 亿 m^3，浮动幅度很小，工业用水线性减少的趋势比其他三种情景明显（图 5-10）。

与用水量类似，2020—2050 年全球协同、实力秩序和适应组合三种情景下的水资源开发利用率从 22.4% 增长到了 38.4% 以上，其中全球协同增长趋势明显（图 5-11），而在技术乐园情景下的水资源开发利用率从 22.4% 增长到了 28.4%，水资源开发利用率缓慢增长，是因为节水技术以及经济的高速发展所带来水资源用水量的升高所导致的，很好地将水资源开发利用率维持在了国际上一致认为的合理利用率 40% 以下，使用水量控制在了水资源红线以下。

综上所述，在水资源红线的约束下，技术乐园情景是最适合福建省城市化发展的情景模式。诚然，对于福建省的 9 个地级市，还要具体问题具体分析，根据每个城市的水资源红线，再去讨论它们所适合的发展情景。需要指出的是，只有技术乐园情景才是最适合经济与环境的可持续发展，即使个别城市在短期内可能因为自身的水资源量丰富，不太受到水资源红线的制约，可以暂时加快经济发展速度，对万元产值能耗可以适当放低要求，但是从长远来看，技术乐园情景还终将是它们的最终选择。

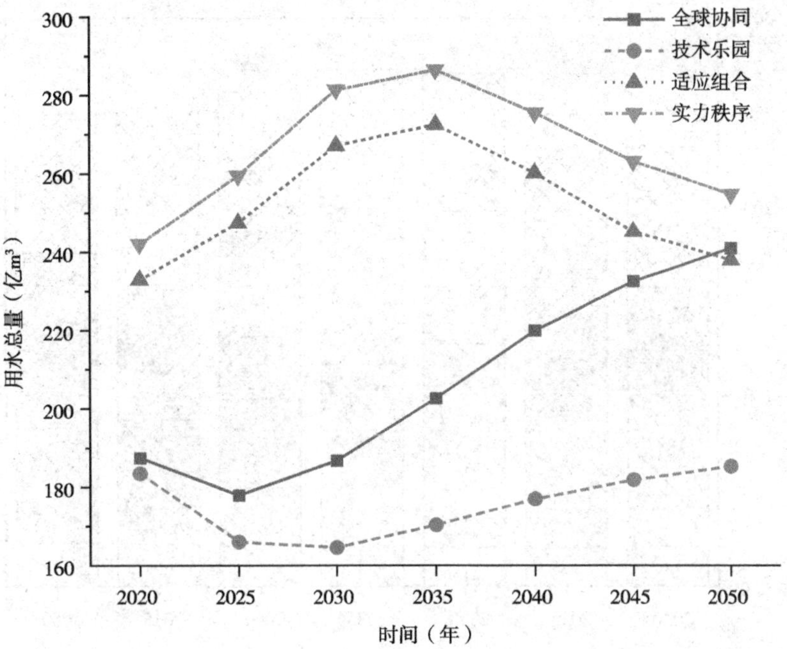

图 5-9　2020—2050 年四种情景预测下福建省用水总量变化趋势

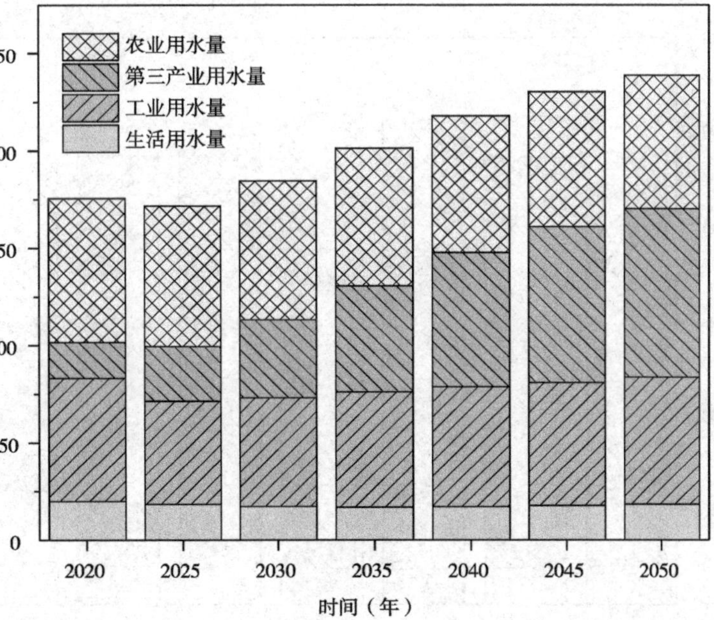

a. 全球协同情景（单位：亿 m³）

图 5-10

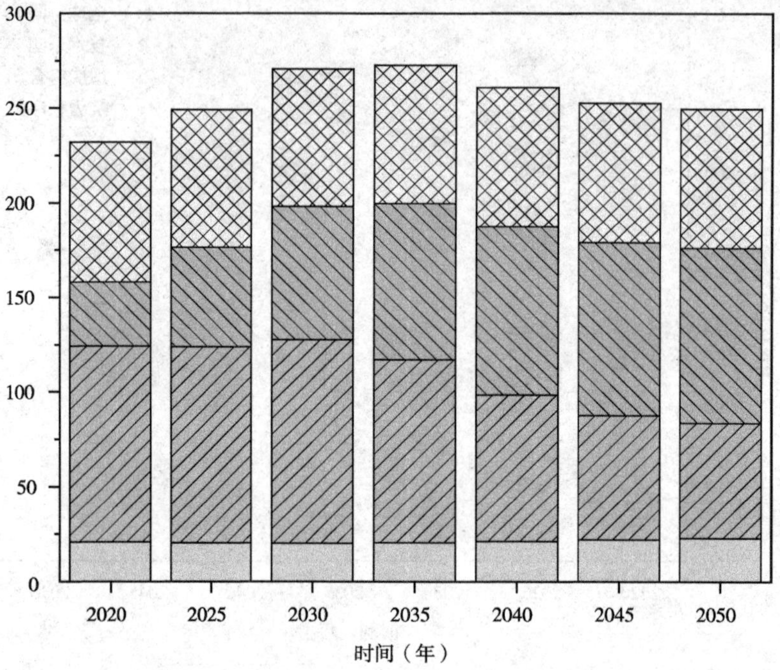

b. 实力秩序情景（单位：亿 m^3）

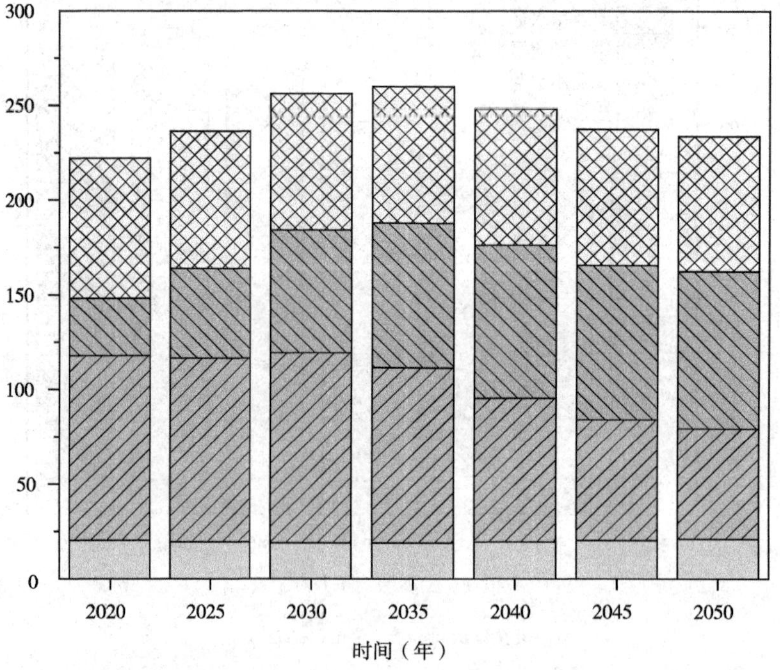

c. 适应组合情景（单位：亿 m^3）

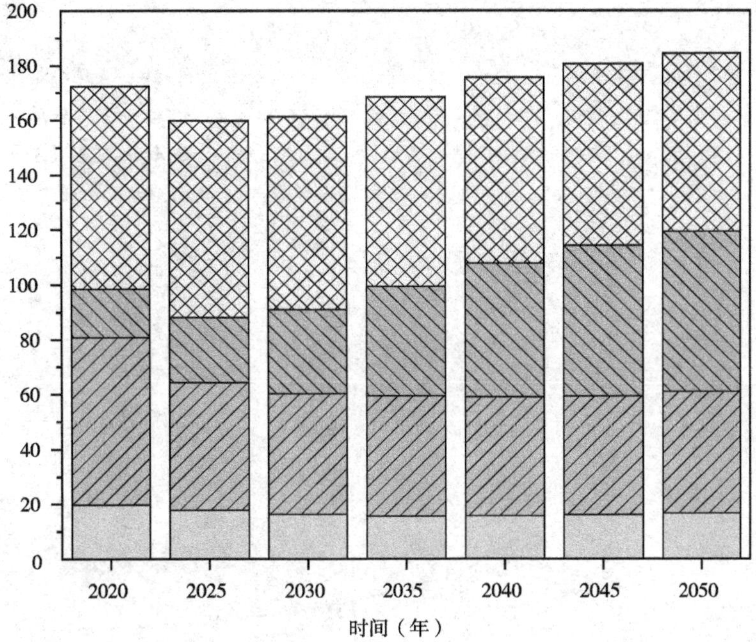

d. 技术乐园情景（单位：亿 m^3）

图 5-10　2020—2050 年四种情景预测下福建省各类用水量变化趋势

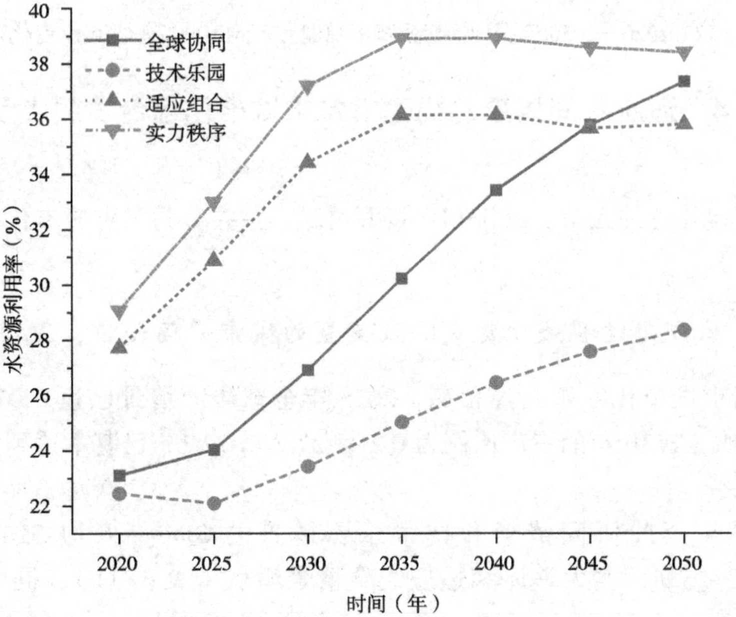

图 5-11　2020—2050 年四种情景预测下福建省水资源开发利用率变化趋势

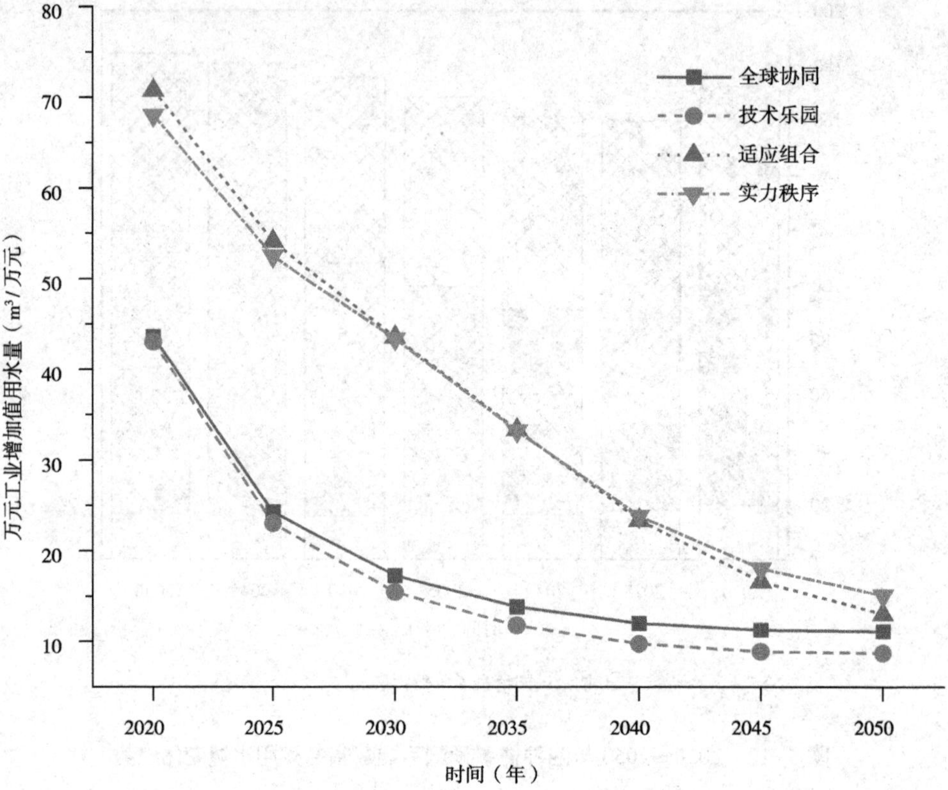

图 5-12　2020—2050 年四种情景预测下福建省万元工业增加值用水变化趋势

5.3.4　适应不同情景的福建省各市城市化综合发展类型及发展指标

根据福建省的人口、经济和水资源情况，主要分为三种城市化发展类型（表 5-11）。

（1）城市化过程处于稳定阶段类型的城市：福州市、厦门市

厦门市城市化水平已经很高，2025 年全球协同情景已达 91.6%，2030 年为 92.0%，2030 年的三产比例为 0.2 ∶ 27.7 ∶ 72.1，已基本达到发达国家要求的水平。

2025 年全球协同情景和技术乐园情景的 GDP、人均 GDP 均高于“十四五”规划，实力秩序和适应组合情景略低（表 5-11），同时技术乐

园情景预测的 2025 年用水总量略超出水资源红线（9.3 亿 m^3）（表 5−10）。2035 年，技术乐园情景用水总量预测值为 13.0 亿 m^3，2050 年用水总量预测值为 15.0 亿 m^3，因此可参照技术乐园情景设定 2035 年厦门市水资源红线为 13.0 亿 m^3，2050 年为 15.0 亿 m^3。在此情景下，节水技术发展速度较快，即 2025—2050 年城市化水平年均增长率 0.03%，人均 GDP 年均增长率为 3.70%，万元工业增加值用水年均降低率 0.20%（表 5−12）。

2025—2030 年的数据说明，厦门市属于自身水资源缺乏的城市，应寻找多渠道保障城市供水，使自身经济发展快速的同时减少缺水所带来的制约。在 2025 年之后进入高水平协调阶段，选择合适的发展情景，在发展城市经济的同时减少水资源的制约。

福州市，2025 年技术乐园情景城市化水平为 75.2%，2025 年三产比例为 3.1 ∶ 32 ∶ 64.9，2025 年全球协同情景城市化水平为 76.2%，2025 年三产比例为 3 ∶ 31.8 ∶ 65.2，在“十四五”规划中要求福州市城镇化率大于 76.0%，此外全球协同与技术乐园情景 2025 年预测用水量均小于 2025 年水资源红线（36.7 亿 m^3）（表 5−7、表 5−10）。所以，福州市 2021—2025 年均需选择全球协同情景，即 2021—2025 年城市化水平年均增长率 0.85%，人均 GDP 年均增长率为 12.45%，万元工业增加值用水年均降低率 8.45%（表 5−12）。

2025 年之后，福州市应该采取相应的生态保护措施，采取技术乐园情景，减少单位产值耗水量，保持城市化与水资源高水平协调的关系，并保证水资源总量满足红线要求。

因此，福州市 2035 年和 2050 年水资源红线可分别设定为 33.1 亿 m^3 和 34.5 亿 m^3。

表 5-11　2025 年福建省城市化发展情况各情景预测值与“十四五”规划比较

城市	指标	全球协同	技术乐园	适应组合	实力秩序	“十四五”规划
福州市	城市化水平（%）	76.2	75.2	74.5	73.8	76.0
	GDP（万元）	197506000	186714000	165795000	164228000	＞ 100200000
	人均 GDP（万元）	23.6	22.2	19.7	19.5	＞ 16.7
	三产比值	3 ∶ 31.8 ∶ 65.2	3.1 ∶ 32 ∶ 64.9	3.6 ∶ 32.2 ∶ 64.2	3.5 ∶ 32.5 ∶ 64	三产占比 60%
	用水量（亿 m^3）	33.8	31.8	41.5	45.1	36.7
	万元 GDP 用水（m^3/ 万元）	17.1	17.0	25.0	27.5	完成省下达指标
厦门市	城市化水平（%）	91.6	90.6	87.2	87.1	89.5
	GDP（万元）	127117000	119458000	105351000	103770000	89540000
	人均 GDP（万元）	27.7	26.0	22.9	22.5	先进城市行列
	三产比值	0.2 ∶ 31.5 ∶ 68.2	0.3 ∶ 31.4 ∶ 68.3	0.3 ∶ 31.2 ∶ 68.5	0.3 ∶ 31.7 ∶ 68	—
	用水量（亿 m^3）	11.0	9.8	11.7	13.0	9.3
	万元 GDP 用水（m^3/ 万元）	8.6	8.2	11.1	12.5	完成国家和省下达任务
莆田市	城市化水平（%）	73.4	71.0	70.0	69.3	68.0
	GDP（万元）	54159600	54068100	47006600	44234500	＞ 40000000
	人均 GDP（万元）	17.2	17.2	15.3	14.0	14.1
	三产比值	2.8 ∶ 35.1 ∶ 62.1	2.6 ∶ 33 ∶ 64.4	2.8 ∶ 35.5 ∶ 61.7	2.9 ∶ 35.1 ∶ 61.9	三产占比 48.5%
	用水量（亿 m^3）	9.6	8.8	14.5	14.6	13.4
	万元 GDP 用水（m^3/ 万元）	17.6	16.2	30.8	33.1	完成省下达指标
三明市	城市化水平（%）	71.1	70.1	69.2	68.0	66.6
	GDP（万元）	49667200	47215400	46295500	43651600	37020000
	人均 GDP（万元）	18.2	17.2	16.9	15.8	13.8
	三产比值	6.8 ∶ 45.2 ∶ 48	7 ∶ 44.5 ∶ 48.5	6.8 ∶ 45 ∶ 48.2	7.2 ∶ 45 ∶ 47.8	三产占比 39% 以上
	用水量（亿 m^3）	19.0	17.9	35.7	35.2	27.1
	万元 GDP 用水（m^3/ 万元）	38.3	37.9	77.2	80.7	完成省下达指标

续表

城市	指标	全球协同	技术乐园	适应组合	实力秩序	“十四五”规划
泉州市	城市化水平（%）	73.7	73.3	72.6	71.9	72.0
	GDP（万元）	187306000	178200000	171180000	162368000	150000000
	人均 GDP（万元）	20.0	19.1	19.1	18.1	16.7
	三产比值	1.6 ∶ 49.7 ∶ 48.8	1.6 ∶ 48.1 ∶ 50.3	1.6 ∶ 48.1 ∶ 50.3	1.6 ∶ 51.2 ∶ 47.2	三产占比 42% 以上
	用水量（亿 m^3）	30.6	28.0	40.5	44.1	36.4
	万元 GDP 用水（m^3/ 万元）	16.3	15.7	15.7	27.2	完成省下达目标
漳州市	城市化水平（%）	72.4	70.4	69.6	67.6	65.0
	GDP（万元）	93354100	87927000	82849000	80605700	66500000
	人均 GDP（万元）	17.3	16.3	15.3	14.8	12.5
	三产比值	6.9 ∶ 41.7 ∶ 51.4	6.9 ∶ 41.5 ∶ 51.6	6.6 ∶ 41.3 ∶ 52.1	6.8 ∶ 41.6 ∶ 51.6	三产占比 42% 以上
	用水量（亿 m^3）	20.1	19.0	26.6	28.2	25.0
	万元 GDP 用水（m^3/ 万元）	21.5	21.6	32.1	35.0	控制在省下达目标内
南平市	城市化水平（%）	72.1	72.0	70.7	69.0	65.0
	GDP（万元）	40310300	38581400	37186600	35647400	29500000
	人均 GDP（万元）	14.3	13.6	13.1	12.5	10.3
	三产比值	9.6 ∶ 36.5 ∶ 53.9	9.4 ∶ 37 ∶ 53.7	9.8 ∶ 37.6 ∶ 52.6	10.1 ∶ 37.8 ∶ 52	三产占比 47.8%
	用水量（亿 m^3）	25.0	24.2	30.9	31.2	28.7
	万元 GDP 用水（m^3/ 万元）	62.1	62.7	83.1	87.5	完成省下达任务
龙岩市	城市化水平（%）	70.8	69.9	69.4	68.7	64.5
	GDP（万元）	49481700	46499800	45390200	43733400	42000000
	人均 GDP（万元）	17.9	16.6	16.2	15.5	15.8
	三产比值	8 ∶ 40.4 ∶ 51.6	8.1 ∶ 40.2 ∶ 51.7	8.1 ∶ 41.2 ∶ 50.7	8.2 ∶ 40.8 ∶ 51	三产占比 47.5% 以上
	用水量（亿 m^3）	17.7	17.1	27.0	27.0	25.3
	万元 GDP 用水（m^3/ 万元）	35.8	36.7	59.5	61.8	完成省下达指标
宁德市	城市化水平（%）	71.2	70.6	69.5	67.8	63.0
	GDP（万元）	60277800	56938400	53378200	51929500	45000000
	人均 GDP（万元）	19.5	18.5	17.3	16.8	15.0
	三产比值	6.2 ∶ 43 ∶ 50.8	6.2 ∶ 42.7 ∶ 51.1	6.2 ∶ 44.8 ∶ 49	6.4 ∶ 43.9 ∶ 49.7	三产占比 40%
	用水量（亿 m^3）	11.1	10.1	17.7	18.6	17.0
	万元 GDP 用水（m^3/ 万元）	18.5	17.7	33.2	35.8	完成省下达目标

表 5-12　福建省各市 2021—2050 年城市发展情景选择及所处类型和阶段

城市	时间（年）	人口	经济	环境—技术	城市化水平（%）	情景选择	城市发展类型
		城市化水平年均增长率（%）	人均 GDP 年均增长率（%）	万元工业增加值用水年均降低率（%）			
福州市	2021—2025	0.85	12.45	8.45	74.05	全球协同	稳定阶段
	2026—2030	0.80	7.56	5.40	77.20	技术乐园	
	2031—2035	0.70	3.92	3.58	81.00	技术乐园	
	2036—2050	0.37	1.09	2.74	85.00	技术乐园	
厦门市	2021—2025	0.09	10.39	0.97	90.33	技术乐园	稳定阶段
	2026—2030	0.08	6.14	0.49	90.76	技术乐园	
	2031—2035	0.04	2.80	0.10	91.08	技术乐园	
	2036—2050	0.00	0.88	0.00	91.20	技术乐园	
莆田市	2021—2025	1.15	10.78	5.24	70.31	全球协同	中等加速阶段
	2026—2030	0.80	8.21	3.43	75.36	全球协同	
	2031—2035	0.65	5.29	2.64	76.41	技术乐园	
	2036—2050	0.47	2.29	0.60	80.46	技术乐园	
三明市	2021—2025	1.25	9.16	7.21	67.85	全球协同	较高加速阶段
	2026—2030	1.00	7.96	4.92	73.60	全球协同	
	2031—2035	0.85	5.85	4.97	78.30	全球协同	
	2036—2050	0.37	2.39	2.32	80.83	技术乐园	
泉州市	2021—2025	1.00	9.45	6.40	71.23	全球协同	中等加速阶段
	2026—2030	0.85	8.92	4.14	75.93	全球协同	
	2031—2035	0.75	5.38	1.91	79.23	技术乐园	
	2036—2050	0.46	1.82	0.00	83.81	技术乐园	
漳州市	2021—2025	1.50	10.33	6.34	68.60	全球协同	中等加速阶段
	2026—2030	1.10	8.06	2.63	75.30	全球协同	
	2031—2035	0.70	5.47	1.30	76.75	技术乐园	
	2036—2050	0.40	2.85	0.57	80.82	技术乐园	
南平市	2021—2025	0.82	11.83	8.46	67.25	全球协同	较高加速阶段
	2026—2030	0.80	9.49	7.89	74.40	全球协同	
	2031—2035	0.81	6.75	6.63	79.05	全球协同	
	2036—2050	0.27	3.04	4.23	81.68	技术乐园	
龙岩市	2021—2025	0.90	10.90	7.74	68.55	全球协同	较高加速阶段
	2026—2030	0.85	8.04	5.05	72.95	全球协同	
	2031—2035	0.75	5.40	4.30	77.00	全球协同	
	2036—2050	0.43	2.20	3.07	79.20	技术乐园	
宁德市	2021—2025	1.75	10.93	6.92	66.41	全球协同	较高加速阶段
	2026—2030	0.90	7.78	2.34	73.46	全球协同	
	2031—2035	0.85	5.17	1.15	77.86	全球协同	
	2036—2050	0.33	1.63	0.74	80.91	技术乐园	

（2）城市化过程处于中等加速阶段类型的城市：泉州市、莆田市、漳州市

泉州市，2025 年全球协同情景城市化水平为 73.7%，2030 年为 78.1%，2025 年三产比例为 1.6 ： 49.7 ： 48.8，2030 年三产比例为 1.2 ： 41.3 ： 57.5（表 5-3）。农业占三次产业比例很少，第二产业比例逐渐减少，第三产业比例逐渐上升。全球协同情景与技术乐园下预测的 2025 年和 2030 年用水总量均小于水资源红线（表 5-7、表 5-10），为推动城市化进程，泉州市 2021—2030 年均可以选择全球协同情景，即 2021—2030 年城市化水平年均增长率 0.93%，人均 GDP 年均增长为 9.19%，万元工业增加值用水年均降低率 5.27%；2050 年全球协同的用水总量为 45.9 亿 m^3，超 2030 年的水资源红线（38.0 亿 m^3），因此考虑经济与环境的协调发展，泉州市 2031—2050 年均需按照技术乐园情景发展，即 2031—2050 年城市化水平年均增长率为 0.60%，人均 GDP 年均增长率应为 3.60%，万元工业增加值用水年均降低率 0.95%（表 5-12）。2035 年，泉州市城市化水平（81.1%）超过 80.0%，万元工业增加值用水量（8.9m^3/ 万元）小于 10 m^3/ 万元，泉州市进入城市发展与水资源的高水平协调阶段。

莆田市，2025 年全球协同情景城市化水平为 73.4%，2030 年为 77.4%，2025 年三产比例为 2.8 ： 35.1 ： 62.1，2030 年三产比例为 2.2 ： 31.5 ： 66.3（表 5-3）。农业占三次产业比例较少，第二产业比例逐渐减少，第三产业比例逐渐上升。全球协同情景和技术乐园情景的 GDP、人均 GDP 均高于“十四五”规划（表 5-11），且两种情景下预测的 2035 年用水总量（11.3 亿 m^3 和 9.6 亿 m^3）均小于 2030 年的水资源红线（表 5-7、表 5-10），为了推动城市化进程，莆田市 2021—2035 年可选择全球协同情景，即 2021—2030 年城市化水平年均增长率 0.98%，人均 GDP 年均增长率为 9.50%，万元工业增加值用水年均降低率 4.33%（表 5-12）。2030 年后莆田市则要选择技术乐园情景，在该情景下，用水量不会超过 2030 年设定的水资源红线。相应地，莆田市 2035 和 2050 年的水资源红线设定标准可以参考技术乐园情景的模拟值，分别为 9.6 亿 m^3 和 11.7 亿 m^3。2035 年后，莆田市进入城市发展与水资源的高水平协调阶段。

漳州市，2025 年全球协同情景城市化水平为 72.4%，2030 年为 76.8%，2025 年三产比例为 6.9 ： 41.7 ： 51.4，2030 年三产比例为 5.2 ： 37.5 ： 57.3（表 5-3）。农业及第二产业占占比减少，第三产业比例逐渐上升。全球协同情

景和技术乐园情景的GDP、人均GDP均高于“十四五”规划（表5-11），全球协同与技术乐园情景下预测的2030年用水总量（21.3亿m^3和19.1亿m^3），均小于2030年的水资源红线（表5-7、表5-10）。所以，为了推动城市化进程，漳州市2021—2030年可选择全球协同情景，即2021—2030年城市化水平年均增长率1.30%，人均GDP年均增长率为9.19%，万元工业增加值用水年均降低率4.49%。2035年后，漳州市则需选择技术乐园情景，该情景下2050年的用水量不会超过2030年的水资源红线。相应地，漳州市2035年和2050年的水资源红线设定标准可以参考技术乐园情景的模拟值，分别为20.4亿m^3和23.5亿m^3。2035年后，漳州市进入城市发展与水资源的高水平协调阶段。

（3）城市化过程处于较高加速阶段类型的城市：三明市、龙岩市、南平市、宁德市

三明市，2025年全球协同情景城市化水平为71.1%，2030年为76.1%，2035年为80.5%，2025年三产比例为6.8 ：45.2 ：48，2030年三产比例为4.7 ：42.1 ：53.2，2035年三产比例为3.5 ：40.4 ：56.1（表5-3）。农业及第二产业占三次产业比例减少，第三产业比例逐渐上升。全球协同情景和技术乐园情景的GDP、人均GDP均高于“十四五”规划（表5-11），且全球协同情景下预测的2025年用水总量（19.0亿m^3）小于当年的水资源红线（27.1亿m^3），2030年的用水总量19.7亿m^3，2035年为20.0亿m^3，依然小于2030年的水资源红线（28.2亿m^3）（表5-7）。所以，三明市2021—2035年均可以选择全球协同情景，即2021—2035年城市化水平年均增长率1.03%，人均GDP年均增长率为7.66%，万元工业增加值用水年均降低率5.70%。2050年，全球协同预测的用水总量为21.3亿m^3，虽然依然小于2030年的水资源红线，但是全球协同情景对生态系统问题采取被动式管理途径，所以建议2035年之后采取技术乐园情景，即2036—2050年城市化水平年均增长率为0.37%，人均GDP年均增长率应为2.39%，万元工业增加值用水年均降低率2.32%。

龙岩市，2025年全球协同情景下城市化水平为70.8%，2030年为75.1%，2035年为78.9%，2025年三产比例为8 ：40.4 ：51.6，2030年三产比例为5.4 ：35.9 ：58.7，2035年三产比例为4.1 ：32.8 ：63.1（表5-3）。全球协同情景和技术乐园情景的GDP、人均GDP均高于“十四五”规划（表5-11），但全球协同情景下预测的2025年与2030年用水总量（17.7m^3和18.4 m^3）小于水资源红线（表5-7），并且2035年用水总量仍小于2030

年水资源红线。因此，龙岩市 2021—2035 年选择全球协同情景，2035 年以后龙岩市可选择技术乐园情景发展，即 2021—2035 年城市化水平年均增长率为 1.17%，人均 GDP 年均增长率为 7.96%，万元工业增加值用水年均降低率为 3.47%。2036—2050 年城市化水平年均增长率 0.33%，人均 GDP 年均增长率为 1.63%，万元工业增加值用水年均降低率 0.74%（表 5-12）。龙岩市处于较高加速阶段，2035 年后进入高水平协调发展。

南平市，2025 年全球协同情景下城市化水平为 72.1%，2030 年为 76.8%，2035 年为 81.4%，2025 年三产比例为 9.6 ∶ 36.5 ∶ 53.9，2030 年三产比例为6.4 ∶ 33.3 ∶ 60.3，2035年三产比例为4.6 ∶ 31.7 ∶ 63.6（表5-3），还需进一步缩减农业和第二产业比例，增加第三产业比例。农业占三次产业比例减少，第二产业比例逐渐减少，第三产业比例逐渐上升。全球协同情景和技术乐园情景的 GDP、人均 GDP 均高于“十四五”规划（表 5-11），同时这两种情景预测的 2025 年和 2030 年用水总量均小于水资源红线（表 5-7、表 5-10）。因此，南平市 2021—2035 年选择全球协同情景，2035 年以后可选择技术乐园情景发展，即 2021—2035 年城市化水平年均增长率为 0.81%，人均 GDP 年均增长率为 9.35%，万元工业增加值用水年均降低率为 7.66%。2036—2050 年城市化水平年均增长率 0.27%，人均 GDP 年均增长率为 3.04%，万元工业增加值用水年均降低率 4.23%（表 5-12）。南平市属于经济比较落后地区，其经济与城市化发展速率可以处于较高加速阶段。

宁德市，2025 年全球协同情景下城市化水平为 71.2%，2030 年为 75.7%，2035 年为 80.0%，2025 年三产比例为 6.2 ∶ 43 ∶ 50.8，2030 年三产比例为 4.4 ∶ 41 ∶ 54.7，2035 年三产比例为 3.3 ∶ 37.7 ∶ 59（表 5-3），还需进一步缩减农业和第二产业比例，增加第三产业比例。农业占三次产业比例减少，第二产业比例逐渐减少，第三产业比例逐渐上升。全球协同情景和技术乐园情景的 GDP、人均 GDP 均高于“十四五”规划（表 5-11），同时这两种情景预测的 2025 年和 2030 年用水总量均小于水资源红线（表 5-7、表 5-10）。因此，宁德市 2021—2035 年选择全球协同情景，2035 年以后可选择技术乐园情景发展，城市发展进入较高加速发展阶段、即 2021—2035 年城市化水平年均增长率为 1.17%，人均 GDP 年均增长率为 7.96%，万元工业增加值用水年均降低率为 3.47%。2036—2050 年城市化水平年均增长率 0.33%，人均 GDP 年均增长率为 1.63%，万元工业增加值用水年均降低率 0.74%（表 5-12）。2035 年后，宁德市选择技术乐园情境城市进入高水平协调发展阶段，处于较高加速阶段。

在每个城市每个阶段选择适合的情景发展模式的同时，要注意经济发展与环境技术的协调。位于稳定阶段的城市为厦门市、福州市，其城市、农村用水定额需降低；位于中等加速阶段的城市，如泉州市，城市化发展的2020—2030年阶段，要加快万元工业产值降低的速率；位于较高加速阶段的城市，除莆田市外，漳州市、龙岩市、南平市和宁德市应加快节水技术产业的发展，降低万元工业增加值用水量，节约能耗，才能在保持经济快速发展的同时，不受水资源红线制约。从2020—2050年各情景下用水量及水资源开发利用率和福建经济发展及城市化水平预测数据得出，技术乐园情景是可持续发展的，是最接近理想的情景；全球协同情景经济发展速度是最快的，但环境技术能力要弱于技术乐园，在短期内，在不受水资源约束下，可以选择全球协同情景加快经济发展。2035年，福建省九市的城市化水平与经济发展基本达到了西方中等发达国家水平，说明在水资源红线的约束下，只要节约能效，革新技术，可以在保护水资源的同时实现经济环境的可持续发展。因此，九个地区的城市化与水资源耦合关系2030年均达到了高水平协调阶段。同时，针对2010—2050年福建省人均GDP与用水总量之间进行拟合发现近似呈现正“U”（图5-13），这一点与传统的环境库兹涅茨曲线模型（EKC）基本吻合。依据理论曲线分析，未来几年内，随着经济的稳定增长，福建省的用水总量将逐年呈现下降的态势，但推测这一态势并非持续发展，随着人均GDP上升到某一程度之后，用水总量将不再下降达到稳定水平甚至会产生略微升高。

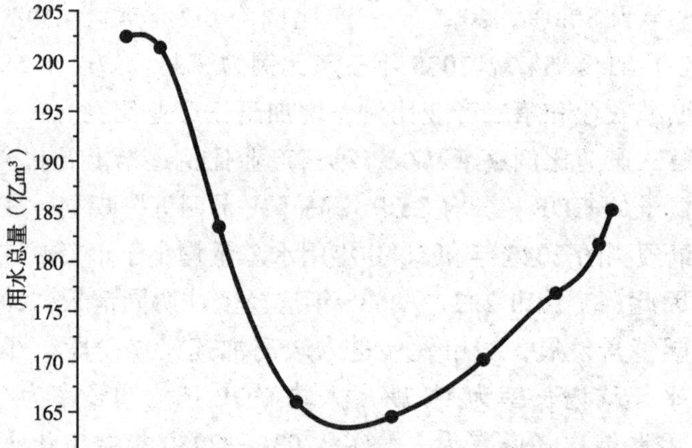

图5-13　技术乐园情景下的福建省环境库兹涅茨曲线拟合

5.4　结论

本章通过运用系统动力学模型模拟预设情景水资源约束下福建省各市在 2020—2050 年的各类用水量、城市化水平及经济发展趋势。四种情景分别为千年生态评估描述的全球协同、实力秩序、适应组合和技术乐园。模拟预测结果表明，在水资源红线约束下，预测时间段内，位于稳定阶段的城市为厦门市、福州市；位于中等加速阶段的城市为泉州市、莆田市、漳州市；位于较高加速阶段的城市为三明市、龙岩市、南平市、宁德市，且技术乐园情景是最佳城市发展情景。2030 年，各城市的城市化水平均已达到城市化发展的高级阶段（福建省平均 78.8%），人均 GDP 及三次产业结构达到了西方中等发达国家水平（福建省平均：人均 GDP 30.1 万元，三产比例 3.4 ∶ 33.9 ∶ 62.7），城市化与水资源的耦合关系均已经达到了高水平协调阶段，符合环境库兹涅茨曲线发展规律。研究结论对福建省及各区市的城市规划、水资源规划等规划文件的制定有一定的指导意义，实现了研究的最终目标——为推动经济社会发展与水资源水环境承载能力相适应，达到经济与环境的可持续发展。

第 6 章　城市化过程与水资源安全协调发展的途径及案例分析

如前文所述，水资源与城市化达到高水平协调阶段时，水资源就会对城市化的发展起到支撑作用，保障城市化健康发展。同时，城市化所带来的社会经济规模、结构、质量及功能提升进而促进供水、用水和管水效率的全方位提高，达到水资源的合理优化配置，并实现用水零增长或负增长。福建省除厦门市外，其他城市的水资源与城市化的耦合关系要到达高水平协调阶段，还有很长的一段路要走。因此，如何在保持城市化健康发展的同时，对水资源进行有效利用，避免水资源浪费和水质污染，并多渠道寻找供水途径，合理优化配置水资源，使二者相互促进相互协调发展，避免二者矛盾的激化和水资源约束力的增大，对城市水资源高效管理和尽可能地开源节流具有一定的现实意义。

通过文献总结和实证调研，本章认为要保障城市化与水资源安全协调发展，归根结底就是在水资源的开源和节流两个方面做好，使有限的资源不被过多开采利用，不被污染践踏，这样才能作为城市化可持续发展的一个强有力的支撑，最终促进二者和谐健康发展。开源是指多渠道寻找供水途径，保障区域供水安全；节流是指合理配置水资源，保护水环境。因此，以下就从多渠道供水保障、供水资源优化配置和流域综合管理三个方面进行福建省的相关案例分析和论述。

6.1　多渠道供水保障

安全供水是个永恒的话题，在大力提倡构建和谐社会的今天，安全供水不仅影响供水企业、居民生产和生活，而且涉及社会的稳定。除多渠道寻找供水途径外，构建供水安全保障体系也是保障城市水资源安全必须采取的途径。

6.1.1 实施大型水资源工程，实现跨流域远距离调水

跨流域调水是指修建跨越两个或两个以上流域的引水（调水）工程，将水资源较丰富流域的水调到水资源紧缺的流域，以达到地区间调剂水量盈亏，解决缺水地区水资源需求的一种重要措施。跨流域调水，关系到相邻地区工农业的发展。此外，还会涉及相关流域水资源重新分配和可能引起的社会生活条件及生态环境变化。因此，必须全面分析跨流域的水量平衡关系，综合协调地区间可能产生的矛盾和环境质量问题。

例如，闽江北水南调工程是沟通福建省闽江、晋江的跨区域、跨流域、跨时空的水资源大动脉。福建省水利厅目前优先实施了闽江北水南调（尤溪—泉州市线路），通过引水隧洞，从三明市尤溪直接引水，调到泉州市山美水库、惠女水库，整个工程施工工期预计 6 年。这也意味着，大约 2018 年，泉州市人将能喝上闽江水。根据省水利厅最近编制的福建省大水网规划，闽江“北水南调”供水范围规划现已延伸到厦门市，远期供水量 2 亿 m^3/ 年。主要供水线路为泉州市山美水库与石壁水库相连通，将厦门市的莲花水库、汀溪水库及引自九龙江北溪的来水和石壁水库连通。这样，一旦闽江北水南调工程（尤溪—泉州市线路）完工，当遇九龙江枯水时，厦门市可实现自泉州市引水，从“北水南调”工程取水。

闽江北水南调（平潭引水）工程由“一库一闸三线”组成，分别由永泰龙湘水库、大樟溪莒口拦河闸、大樟溪—东张水库—平潭三十六脚湖、大樟溪—三溪口水库—青口—长乐输水线路及闽江竹岐—大樟溪引水线路组成。该工程总投资 63 亿元，有效地提升了平潭、长乐、福清、闽侯、琅岐、福州市城区的供水保障能力，300 多万人受益。

6.1.2 建设异地大型储备水库，实现流域内调水，形成良好的河流水库的补给调蓄关系

流域内调水工程是指在河流流域范围内，或在它们的水文地理网的任何区段之间越过当地局域分水岭进行径流再分配的过程。这种调水工程的特点是调度水源多为发展经济需要的取水、用水和排放用过的水，是在同一个水文地理网范围内进行的调水。流域内调水工程的最大特点是调水工程在同一个河流流域内进行，相对于跨流域调水工程，其规模和工程参数较为简单，在水量的时空分布变化程度上，相对跨流域调水工程较小，调水对地区的经济、社会、生态环境等方面产生的影响更多的体现在流域内部，所以可以不

用过多地考虑流域间诸多因素的相互影响。

以厦门市为例，厦门市年均降雨量较多集中于上半年，下半年枯水期无降雨及河流补给，加之可利用地表水资源量小，各大水库就会遇到缺水现象。因此，应考虑对九龙江北溪与厦门市水库群进行互补调引，即在九龙江口附近，建设大型储备水库，在丰水期，将九龙江北溪的水以水库蓄水的形式储存下来，作为厦门市外的一个应急水源，枯水期缺水时通过引水廊道补给厦门市各大水库。最终目的就是构建以水库蓄水为主要饮用水源，外水援助内水的应急策略。

在建设水库及引调工程的同时，可结合景观绿化工程，带动水库周边房地产业、旅游业的发展，不仅使厦门市的应急水源得到保障，而且使居民生活居住环境得到改善，并拉动当地经济。

6.1.3　城市各大水库相连，构成多水源供水互补格局

为加强水质及水量缺水事件的突发情况，提高供水的应急能力，城市内各水库应该打通，通过引水涵道进行相互连通成网，形成环状供水格局，沿途布设多个应急阀门，防止一旦某水源发生水质污染事故，紧急关闭相应输水管道，并通过其他水源水库补充调水。

6.1.4　中水回用，即再生水的资源化利用

福建省大陆海岸线总长 3752 km、海岛海岸线总长 807 km，近年来经济发展迅速，对海洋生态环境势必产生了很大的影响，海洋水质出现急剧下降现象。通过污水的再生利用，可减少向海洋排放的污染物总量，减轻海洋水质污染程度。另外，与修建水源工程、长距离引水及海水利用相比较而言，污水再生利用节省了取水构筑物、输水管线的基建投资和运行费用，减少了新鲜水的取用量，减少了对天然水资源的开采，保护了水源地区生态平衡和环境质量。

污水再生，一可作为河湖景观用水，考虑建立中水蓄水人工湖，周围加以绿化，营造美丽风景，使之成为城市的应急水源地；二可作为绿化用水、冲厕用水、道路浇洒及降尘用水、工业用水和农田灌溉用水等水质要求相对较低的供水水源。

目前，要解决的问题有两点：一是制定合理的中水水价，拉大与自来水价的差距，刺激用户需求，建立完善的管理体系及法律体系，将再生水作为可利用的水资源形式之一，在城市供水规划中予以统筹考虑；二是政府制

定政策促进再生水的推广使用，可强制要求有条件地区的道路冲洗、园林绿化、基建施工、喷水池和空调冷却设备补水等必须采用再生水，或规定满足一定标准的用水部门，在其水资源消耗中必须有一定比例的再生水。

6.1.5 海水综合利用与海水淡化技术应用

福建省海岸线漫长、水资源丰富、海水开发利用潜力巨大，开发非传统供水水源，特别是海水淡化、海水综合利用，符合福建省可持续发展环境战略，对加快福建省海峡西岸经济区建设具有积极的意义。

目前，可根据海水淡化产业发展趋势及市场需求，研究开发模块化、系列化、符合分质供水需求的海水淡化新工艺，并大力推广海水有效补充淡水工程，主要包括以下四个方面。

第一，考虑城市需求，分阶段、分步骤地研制出低污染、低成本的模块化海水淡化系统，该系统可包括预处理模块、一级淡化模块、二级淡化模块、浓盐水资源化模块，其水质分别满足厕所冲刷需求（预处理模块）、工业用水与生活杂用水需求（一级淡化模块）和饮用水需求（二级淡化模块）。

第二，通过对浓盐水资源化的研究，最大限度地减少海水淡化系统对环境的影响，实现变废为宝。

第三，优化预处理技术，降低海水淡化系统的成本及污染。缩小海水淡化水价与自来水水价差距，这也是海水淡化利用的重点所在。

第四，供水对象可优先考虑提供给岛屿、海上船只、近海边的中小企业，特别是近海边的特种用水行业（如洗浴业、洗车业）。

6.1.6 建设海绵城市，雨水资源截留利用和有效补给地下水，涵养城市水源

福建省多年平均降水量 1667 mm，全省水资源总量 1180 亿 m^3，人均水资源量 3200 m^3，约为全国的 1.4 倍。天然降水量时空分布极不均匀，4—9 月为丰水期，降水量和径流量均占全年的 70% ～ 80%。降雨年际波动也较大，丰枯年份极值比 2 ～ 4 倍。随着城市化的加快，70% 的地面由不透水的水泥路面和屋顶占据，原有的植物截留，蒸发，地面下渗作用大大降低，雨水难于通过地面下渗补给地下水，宝贵的雨水形成径流直接流入江河湖海，这不仅加剧了雨季时的洪涝灾害，而且使河流在旱季难于得到地下水补给出现干枯。为此，从多途径发展福建省中长期供水来看，可以充分利用宝贵的雨水资源，变污染源为资源，化解厦门市的城市水危机问题。

因此，建设海绵城市势在必行。海绵城市是指城市能够像海绵一样，在适应环境变化和应对自然灾害等方面具有良好的“弹性”，下雨时吸水、蓄水、渗水、净水，需要时将蓄存的水“释放”并加以利用。可以结合市政工程，推广城镇区雨水的环境生态利用技术，把雨水利用与天然洼地、公园的河湖等湿地保护和湿地恢复等自然景观相结合，在尽量不改变原有的都市建筑结构的前提下，将原有的平屋顶改造为生态屋顶，道路挑高种植改为低洼地种植以蓄积雨水、路面多采用性能良好的渗透路面铺装等形式，并考虑建立雨水利用示范小区，推而广之。总之，尽量从源头上小规模地构建自然排水系统与雨水补给地下水源系统，进行城市的水源涵养。

6.1.7　构建供水安全保障体系

供水安全保障基本框架体系建设应包括法律与政策体系、行政应急管理体系、科教宣传体系、资金保障体系等一系列相关配套体系的建设和完善，实现全市水资源从源头到末节统一管理及联合和优化调度，构建适合福建省可持续发展的城市供水安全管理模式。

法律与政策体系建设应解决以下五个问题：①水权归属，明确水资源的产权制度，厘清政府与水务部门之间的关系；②管理主体，明确各主管部门的职责；③行政执法，如何对水安全进行监督管理；④协调机制，如何统一协调各个涉水部门；⑤公众监督，如何形成信息披露、意见反馈、公众参政议政机制等。

行政应急管理体系建设包括以下六个方面：①建立城市供水风险评价机制；②完善城市供水应急指挥系统；③编制城市供水应急预案；④建立信息发布机制；⑤健全水质安全监测体系；⑥建立应急技术支撑系统。

科教宣传体系建设包括以下三个方面：①建立互为支撑的科学框架体系，做到政府、科学研究者、供水、污水处理企业相互支持和合作，充分发挥各自的优势，在政府大力的支持下以高科技解决企业供水难题，同时企业向科研单位提供实践实习的机会；②建立水资源管理决策的科学论证体系，完成从水源、取水、输水、供水、排水一系列的科学论证体系，切实保障供水输水安全；③做好城市水安全管理的科学教育与人员培训。

资金保障体系建设包括以下三个方面：①对于工程体系，政府要对企业实行资金管理和支持手段的多元化；②对于非工程体系，政府要保证水安全管理体系运行和维护的资金保障；③水安全管理体系的建设是一个庞大的系统工程，像专家咨询、科学论证、课题研究、人员培训、机构完善和运行等都需要持续且有保障的资金投入。解决财政支持问题，政府责无旁贷，但如果全部都依靠政府的财政投入，不仅渠道过于单一，而且在 GDP 平均分配中难以获得更大的投入。

因此，未来水安全管理保障体系建设的财政支持体制，应是在政府投入作为固定、可靠的资金来源的基础上，积极稳妥地拓宽投资渠道，如争取国际性组织或社会团体的资助、加强与企业的联合科研投资等，集合多方力量保证水安全管理非工程体系建设的资金投入。

6.2 供水资源优化配置及其在九龙江流域的应用

水资源优化配置泛指通过工程和非工程措施，改变水资源的天然时空分布；开源与节流并重，兼顾当前利益和长远利益；利用系统科学方法、决策理论和先进的计算机技术，统一调配水资源，注重区域水污染损失的和效益的最大化，尽可能地提高区域整体的用水效率，以促进水资源的可持续开发利用和区域的可持续发展（许新宜，1997）。

非工程措施的水资源配置主要是通过计算机模拟等模型对区域水资源和经济发展进行合理调配规划及预测，以达到预期规划目标。实现水资源优化配置应解决两个问题：一是如何建立水资源优化配置的数学模型，二是如何选择求解这种数学模型的最优化方法。前者包括确定目标函数和相应的约束条件，可供后者选择的最优化方法主要有线性规划、非线性规划、动态规划、模糊数学、神经网络、遗传算法等。

本节以线性规划为例，以九龙江为研究对象，应用经济学的博弈理论做水资源合理配置的案例研究。

6.2.1 九龙江流域简介

九龙江是福建省仅次于闽江的第二大河流，因其水系发达、支汊密布的特点而称为“九龙江”。干支流总长 1923 km，流域面积约 14741 km^2，约占福建省总面积的 12%。其干流由北溪、西溪和南溪组成，北溪发源于龙岩市梅花山，西溪发源于南靖县和平和县之间。九龙江自西向东，经厦门市西海域出海。流域内行政区包括龙岩市的新罗区、漳平市，漳州市市辖区、华安县、长泰县、平和县、南靖县、龙海市等县（市、区）[本次案例的研究对象为以上 8 个县（市、区）]。

6.2.2　水资源配置的博弈论

博弈论是指研究多个个体或团队之间在特定条件制约下的对局中利用相关方的策略，而实施对应策略的学科。有时也称为对策论，或者赛局理论，是研究具有斗争或竞争性质现象的理论和方法。博弈的类型分为合作博弈、非合作博弈、零和博弈、静态博弈、动态博弈等。博弈论是应用数学的一个分支，既是现代数学的一个新分支，也是运筹学的一个重要学科。目前，在生物学、经济学、国际关系学、计算机科学、政治学、军事战略和其他很多学科都有广泛的应用。

在环境经济学中，运用博弈论分析生态环境和人类、经济与社会的关系也越来越多。

把博弈论纳入水资源配置研究体系具有深厚的理论基础，它既把不同的制度模式作为主要分析变量，又把能够满足纳什均衡条件（所有参与方均可自主接受的制度模式）作为研究结果。在水资源配置过程中，所有用水主体会依据不同的制度约束做出有利于自己的行动选择，其中只有满足博弈的内生规则的制度才能成为有效的制度，这一研究思路为水资源配置从冲突走向合作设计提供了理论基础。

从流域角度来看，要想实现真正的可持续发展和水环境保护，对于单个城市的限制应该是最小化，流域城市群的冲突应该是协调的。因此，在对水资源的合理配置中，应采用多目标决策方法。

非劣解要满足多个目标，如节约水资源，改善水生态环境，促进城市发展。如果只是一个非劣解存在，可以被设定为最好的解决方案。如果多个非劣解存在，就没有最好的解决方案，必须基于需要选择一个“更好的解决方案”。

因此，有必要引入合作协调博弈概念（与零和博弈相违背），合作博弈又称正和博弈，是指博弈双方的利益都有所增加，或者至少是一方的利益增加，而另一方的利益不受损害，因而整个社会的利益有所增加。应用合作博弈概念，在水资源和水环境约束的条件下，建立跨越边界的城市群协调框架，这个框架不是一个静态的方案，而是一个动态的进程。在这个进程中，每个利益相关者可以在调整他们的决策的基础上改变另一方的决策，形成一个流域城市群的动态的博弈树（图 6-1）。

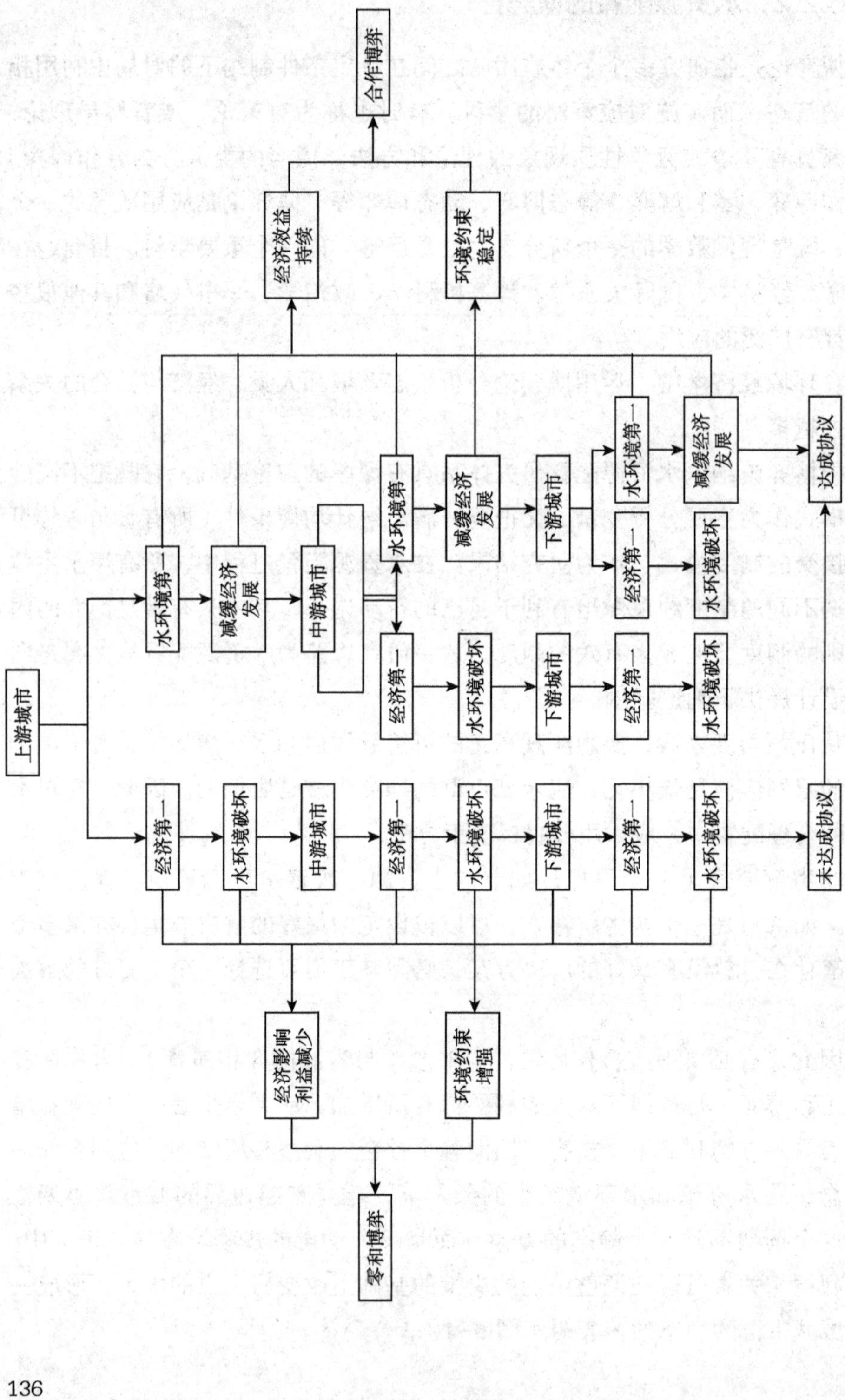

图 6-1 流域城市群的动态博弈树

6.2.3　合作模型的求解——线性规划

线性规划（linear programming，LP）是一种重要的方法运筹学。它已经被广泛地应用，而且相对成熟。LP 可以在环境管理中实现科学管理来达到既定目标，如当资源总量固定时如何利用最少的水资源。1939 年，苏联 Kahtopob 和美国 Hitchcock 首先将 LP 应用到生产管理领域和运输规划中（Guan and Zheng，1983）。

我国在水资源环境管理领域研究中应用这个功能的比较少，而且大多数河流水资源研究都是以行政边界为基本单元（Yang and Zeng，2004）。LP 的基本结构是目标函数和一系列的限制条件（Lu，2007）相结合，应用 LP 方法可将流域作为基本研究单元，建立流域城市群的协调模型，以期达到最大的整体效益，同时满足水资源和水生态环境的限制，实现流域城市群的可持续发展目标。

6.2.4　合作模型的原则

为了解决水生态环境保护和城市发展之间的矛盾，利用博弈论和 LP 分别将人口和水资源变量与水环境污染联系起来。模型创建的具体步骤包括以下五个方面（图 6–2）：

第一，在将流域水系统划分为水资源子系统和水质子系统。

第二，采用情景分析预测水资源的供应和需求以及水体污染情况，其中分别相对于生活用水、工业用水、第三产业用水、农业用水来预计水质污染带来的损失费用及用水带来的各项经济效益。

第三，在水文、经济、社会和环境因素的基础上构建水资源优化子模型，在水污染、水环境容量和水质指标的制约条件下建立水质优化子模型。

第四，在水资源子系统获得的利益与水质子系统污染损失费用作对比后，建立两个子模型的协调模型和协调方案的迭代计算。

第五，在不同情况获得的协调结果下确定城市群合理水资源配置的解决方案。

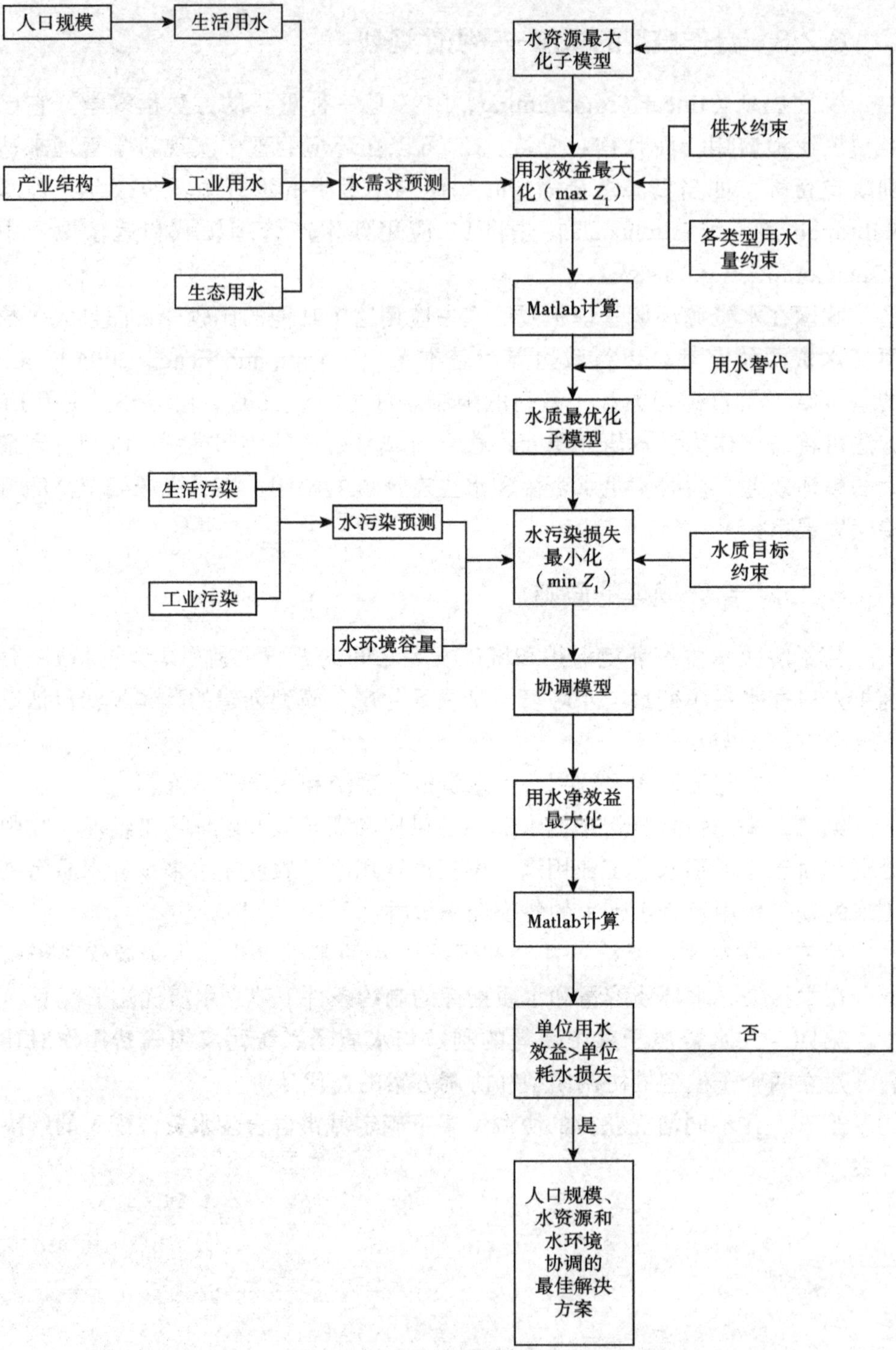

图 6-2　合作模型构建的步骤

6.2.5　合作模型的构建

首先，建立一个非合作模型作为合作模型的基础。非合作模型研究单个城市的最佳发展模式，而合作模型在每个非合作模型的基础上促进流域各个城市的协同发展。

（1）非合作模型——单个城市的合理性

第一，水资源优化子模型。基于环境经济学的成本效益分析构建 LP 的目标函数。在这个函数中，净效益系数相当于用水给各行业带来的有效经济价值。由于它的复杂性和计算难度，模型省略了生态用水效益。目标函数的形式如下：

$$\max Z_1 = B_1 \times Q_1 + B_2 \times Q_2 + B_3 \times Q_3 + B_4 \times Q_4 \qquad (6-1)$$

式中，Z_1 代表水资源子系统中的用水效益（元）；B_1 代表生活用水净效益系数（元 /m³）；Q_1 代表生活用水量（m³）；B_2 代表农业用水净效益系数（元 /m³）；Q_2 代表农业用水量（m³）；B_3 代表工业用水净效益系数（元 /m³）；Q_3 代表工业用水量（m³）；B_4 代表第三产业用水净效益系数（元 /m³）；Q_4 代表第三产业用水量（m³）。

对水资源的约束如下：

$$Q_1 + Q_2 + Q_3 + Q_4 = D \times 40\% \qquad (6-2)$$

式中，D 代表水资源总量（m³），在流域水资源的使用被限制在 40%。

对总用水量的约束如下：

$$Q_{down} \leqslant Q \leqslant Q_{up} \qquad (6-3)$$

式中，Q 代表总用水量（m³）；Q_{down}代表目标城市流域下游水资源总量（m³）；Q_{up}代表目标城市流域上游水资源总量（m³）。

第二，水质优化子模型。水质优化子模型的目标函数是使由农业用水、生活用水和工业用水产生的经济损失降到最小。目标函数形式如下：

$$\min Z_2 = C_1 \times M_1 + C_2 \times M_2 + C_3 \times M_3 + C_4 \times M_4 \qquad (6-4)$$

式中，Z_2 代表水质子模型中水污染引起的经济损失（元）；C_1 代表生活用水污染造成的个人经济损失（元）；M_1 代表人口（人）；C_2 代表农业用水污染造成的经济损失率（%）；M_2 代表农业产值（元）；C_3 代表第二产业用水污染造成的经济损失率（%）；M_3 代表第二产业总产值（元）；C_4 代表第三产业用水污染造成的经济损失率（%）；M_4 代表第三产业总产值（元）。

水质 W 可影响损失 C，设定 W 的约束条件如下：

$$W_{down} \leqslant W \leqslant W_{up} \tag{6-5}$$

式中，W_{down} 代表目标城市流域下游水质；W_{up} 代表目标城市流域上游水质。

三次产业（第一产业、第二产业、第三产业）的约束条件为：

$$1:5:4 \leqslant M_2 : M_3 : M_4 \leqslant 1:1:1 \tag{6-6}$$

第三，协调模型。在最后的协调模型中，目标函数是使水资源利用净效益最大化（Z），相当于使水资源子系统的最大经济效益减去水质子系统的最小污染控制成本。

$$\max Z = \max Z_1 - \min Z_2 \tag{6-7}$$

该约束条件如式（6-2）、式（6-3）、式（6-5）和式（6-6）。

在协调模型中使用多个迭代接近最佳协调解决方案。使用线性规划模型（LP）来优化水资源和水质模型。随着用水量的变化，水资源子模型带来的经济效益和水质子模型带来的污染控制成本也随之改变。通过改变用水量直到经济效益大于或等于污染控制成本，则在该点获得最佳协调解决方案。

（2）**合作模型——城市群的合理性**

城市群的优化模型旨在于在其整个区域获得净利益最大化而不损害任何一个城市。

$$E = \max \sum_{i=1}^{n} (Z_{1i} - Z_{2i}) \tag{6-8}$$

式中，E 代表净利益最大化（元）；n 代表城市的数量；Z_{1i} 代表城市 i 水资源子模型中用水经济效益；Z_{2i} 代表城市 i 的水质子模型中水污染治理成本。

合作模型和非合作模型有三个主要的不同点：①合作模型的目标函数整合非合作模型；②合作模型的限制条件是非合作模型限制条件的总和；③合作模型对水质的低要求必须满足流域规划的质量目标，而非合作模型对水质的要求主要满足单个城市的需求。

在合作模型和非合作模型中，人口、产业设置情况都与水量和水质有关。采用第 5 章的系统动力学的不同情景分析预测人口变化和三产结构对水资源和水质的影响。

6.2.6　情景设置与分析

结合第 6 章系统动力学情景设置方法，分别设置四种情景：一是非合作情景—实力秩序情景，不可持续发展（每个城市的合理性）；二是合作情景—实力秩序情景，不可持续发展（流域城市群的合理性）；三是非合作情景—技术乐园情景，人口、水环境相协调发展（每个城市的合理性）；四是合作情景—技术乐园情景，人口、水环境相协调发展（流域城市群的合理性）。情景分析的基准年是 2010 年，预测年为 2030 年，利用系统动力学分析方法，预测得出 2030 年的人口、GDP、用水效益系数等值。

6.2.7　合作模型的效益系数取值

生活用水效益系数：生活用水效益应该来自水质改善带来的饮用水处理成本下降、人体健康效益和瓶装水处理成本下降带来的总效益。生活用水效益系数即为生活用水效益除以总人口，公式为：

$$生活用水效益系数（元/人）= 生活用水效益（元）/ 总人口（人） \tag{6-9}$$

其他用水效益的公式分别为：

$$农业用水效益系数（元/m^3）= 第一产业产值（元）/ 农业用水量（m^3） \tag{6-10}$$

$$工业用水效益系数（元/m^3）= 工业产值（元）/ 工业业用水量（m^3） \tag{6-11}$$

$$第三产业用水效益系数（元/m^3）= 第三产业产值（元）/ 第三产业用水量（m^3） \tag{6-12}$$

6.2.8　合作模型的污染损失率系数取值

水质污染给各行业带来的损失率利用下式来表达（李锦秀，徐嵩龄，2003）：

$$\gamma_i = K_i\left(\frac{e^{0.54(Q-4)}-1}{e^{0.54(Q-4)}+1}+0.5\right) \tag{6-13}$$

式中，γ_i 为水污染经济损失率；Q 为水质；K_i 为水污染对各个计算分项的最大经济影响损失率。

K_i 反映了在水污染达到最严重情况下，对社会经济各个计算分项可能带来的最大经济损失率。不同计算分项由于其生产和生活过程中对水质的要求和密切程度不同，最大损失率的大小也是不一样的；同时，各地区由于生活水平不同，社会各个阶层对水污染的防御性消费支出也会存在差异。因此，在现有条件下，应通过对流域内典型区域进行详细的水污染经济损失调查计算，在此基础上确定水污染各个计算分项的最大损失率，以此用于建立流域分项水质—经济损失影响函数，进行流域水污染损失核算。

参考九龙江流域水污染与生态破坏综合整治报告（曹文志等，2005），将九龙江流域 2003 年分项水污染经济损失计算结果以年均 3% 的利率贴现到 2030 年，并将相应水质综合评价结果代入水质—经济影响函数式（6-13），计算得到 2030 年九龙江流域分项最大经济损失率 K_i（表 6-1）。

表 6-1　九龙江流域 2030 年水污染经济损失系数 K_i 值

不同行业	K_i	单位经济损失量含义
生活用水	529.5	健康损失费（元）/ 每人
农业用水	0.45	经济损失量（元）/ 农业增加值（元）
工业用水	0.04	生产成本增加值（元）/ 生产总成本（元）
第三产业用水	0.106	运行成本增加值（元）/ 供水成本、水处理成本（元）

6.2.9　案例分析与应用

（1）四种不同情景下 2030 年九龙江流域用水净效益

如前文所述，技术乐园情景重视环境技术的革新和保护环境，因此水质污染得到改善，因此带来的净经济效益比实力秩序大。非合作模型，只重视单个城市的经济发展，因此从流域来看，总的经济效益并不高（情景 1 和情景 3）；合作模型，将流域作为一个整体，重视流域城市群的经济发展，流域的经济效益较高，情景 2 和情景 4，分别比情景 1 和情景 3 多出 728.21 亿元和 866.05 亿元（表 6–2）。值得指出的是，由于上游城市考虑流域的全局发展，在水质治理和水环境保护中投入成本较多，致其自身的经济效益受到影响，如表 6–2 所示，九龙江北溪上游漳平、新罗地区，南溪上游南靖、平和地区，它们的经济净效益为负值。因此，下游城市应对其进行经济补偿，这就是后文要提到的流域生态补偿问题。合理的生态补偿是流域城市化与可持续发展的关键。

表 6–2　四种不同情景下 2030 年九龙江流域用水经济产值净效益（亿元）

县（市）	实力秩序情景			技术乐园情景		
	S1（城市最大化）	S2（流域最大化）	差值	S3（城市最大化）	S4（流域最大化）	差值
漳平	219.15	141.85	−77.30	284.90	184.41	−100.48
新罗	754.86	662.64	−92.22	981.33	780.80	−200.53
华安	219.86	275.53	55.67	245.51	358.19	112.69
长泰	156.28	339.11	182.83	203.17	400.53	197.35
漳州市辖区	310.43	671.43	361.00	403.56	872.87	469.31
南靖	193.09	167.91	−25.18	251.03	218.28	−32.75
平和	199.29	161.71	−37.58	259.08	210.23	−48.85
龙海	310.20	671.21	361.00	403.26	872.56	469.31
九龙江流域	2 363.18	3 091.40	728.21	3 031.84	3 897.88	866.05

（2）水资源合理配置的建议

从这四种情景中，情景 4（技术乐园情景的合作模型）最符合九龙江流域的发展状况，2030 年流域总用水量预测结果为 53.48 亿 m³，其中生活用水 6.04 亿 m³，农业用水 21.19 亿 m³，工业用水 17.29 亿 m³，第三产业用水 8.96 亿 m³。2030 年全流域生产总值 33124 亿元。流域各县（市）的用水配置情况见表 6–3。2030 年流域水质也较 2003 年得到明显改善（表 6–4）。其中，明显改善的是漳平、新罗、长泰、南靖和龙海。

表 6-3　情景 4（技术乐园的合作模型）下 2030 年九龙江流域各县（市）用水量分配

县（市）	生活用水（亿 m^3）	农业用水（亿 m^3）	工业用水（亿 m^3）	第三产业用水（亿 m^3）	总用水量（亿 m^3）
漳平	0.53	2.73	3.14	0.72	7.53
新罗	0.54	2.80	3.23	0.75	7.73
华安	0.89	2.81	1.97	1.34	6.87
长泰	0.67	2.11	1.48	1.00	5.16
漳州市辖区	0.28	0.88	0.62	0.41	2.14
南靖	1.11	3.52	2.46	1.69	8.59
平和	1.45	4.58	3.19	2.19	11.17
龙海	0.56	1.76	1.22	0.84	4.30
九龙江流域	6.04	21.19	17.29	8.96	53.48

表 6-4　情景 4（技术乐园的合作模型）下 2003 年九龙江流域水质改善情况

县（市）	水质类别	水质类别	对应的水质断面
漳平	4	2	北 5 基太
新罗	6	3	北 2 东兴
华安	2	2	北 8 黄枣
长泰	5	2	北 10 武安
漳州市辖区	4	3	西 5 中山桥
南靖	5	3	西 3 船厂
平和	3	2	西 1 小溪
龙海	5	3	西 5 石码

该案例得出的结论证明了鉴于水资源形成和运动的特殊性，应考虑从流域角度去管理水资源。以流域为单元对水资源及与水关系密切的其他自然资源（如土地、植被等）实行综合管理，顺应了水资源的自然运移规律和经济社会特性，可以使流域的整体功能得以充分发挥。近年来，流域综合管理不仅是学术界的一个研究热点，也是政府推进区域性资源与管理的有效手段。

6.3　流域综合管理

流域综合管理就是以流域为单元进行的综合管理，是以水为纽带对流域的人口、资源、环境和经济的综合协调。流域综合管理的核心是流域水资源管理，强调水的兴利除害的统一管理，并根据水的兴利除害要求制定流域土地资源开发利用规划，根据流域水资源条件对流域产业布局提出要求。其综合目的主要表现为以下两个方面：一方面，从经济利益角度来看，应考虑如何优化各种资源，合理配置水资源、土地资源、林业资源等生态资源，优化农业、工业结构，以获取最佳经济效益；另一方面，在环境保护功能方面，应考虑水污染防治、水土保持等流域生态环境的改善等。在保障人民生活生产的前提下，通过实施流域的综合管理，促进区域生态和社会经济的协调发展。根据国外流域综合管理的经验，下文提出了在流域综合管理方面水资源环境管理领域值得借鉴的一些意见和建议。

6.3.1　重视公众参与

中国流域水资源工程的传统规划往往是从工程的角度出发，而且大部分规划者不是来自流域地区。流域内的居民、工厂工人、私营企业者等往往被视为流域管理的障碍，其问题的一部分在某些场合下被忽略掉，结果导致许多在这些前提下制定的流域管理规划的失败。实际上，流域居民一旦作为流域资源合法的使用者，他们将有助于问题的解决而不是成为问题的一部分，他们应该成为涉利相关者。公众参与到有关水问题的立法和管理过程中将提高流域管理的效率并增加管理的效果。

6.3.2　建立流域综合管理的权威协调机构

流域综合管理的功能应主要通过流域涉及的各行政单位的协调来实现。所以，加强流域综合管理机构的协调功能是改革创新的主要方向。为此，应该改变现有的流域机构仅作为水利部的派出机构的状况，并把它变成或新建流域各行政区之间的议事、决策机构，并提高其行政级别。规范流域综合管理机构职能。目前，现有的流域机构存在的另一问题是机构过于庞大，把很多应该社会化的工程设计、施工等功能也包括在本应只执行管理功能的流域机构之中，造成流域机构定位不准，干扰了流域综合管理的正常开展。因此，迫切需要规范流域管理机构的职责，剥离应该社会化的工程设计、施工方面的机构和队伍，使流域管理机构的职责集中到流域综合管理上。

6.3.3 建立流域生态补偿机制

生态补偿机制是以保护生态环境、促进人与自然和谐为目的，根据生态系统服务价值、生态保护成本、发展机会成本，综合运用行政和市场手段，调整生态环境保护和建设相关各方之间利益关系的环境经济政策。主要针对区域性生态保护和环境污染防治领域，是一项具有经济激励作用、与“污染者付费”原则并存、基于“受益者付费和破坏者付费”原则的环境经济政策。流域水环境保护的生态补偿发生的前提是指流域城市群利益共享和责任共担，即源头和上游区域为保护好流域的生态环境放弃了许多发展机会，付出了机会成本，下游区域从中受益，而为了全局的长远发展，源头和上游地区应该与下游地区共享整个流域经济社会发展的成果；责任共担，是要求下游不能仅享受上游付出巨大牺牲换来的优良环境，也要承担起相应的责任来。因此，流域水生态环境补偿机制要求流域各地应当确保出界水质达到考核目标，根据出入境水质状况确定横向补偿标准；搭建有助于建立流域生态补偿机制的政府管理平台，推动建立流域生态保护共建共享机制；加强与有关各方协调，推动建立促进跨行政区的流域水环境保护的专项资金。流域生态补偿是协调流域生态环境保护和经济发展之间的矛盾，调整流域内区域间损益关系的有效手段。

6.4 结论

本章从多渠道供水保障、供水资源优化配置和流域综合管理三个方面分析讨论了城市化过程与水资源安全协调发展的途径及案例应用。多渠道供水主要考虑了一系列工程措施和非工程措施，如跨流域调水工程、流域内调水工程和非工程措施如海水淡化、中水回用、雨水资源利用（建造海绵城市）以及构建供水安全保障体系。供水资源优化配置主要从非工程措施的角度采用环境经济学的博弈法和线性规划模型（LP）构建流域城市群的合作（流域城市群的经济利益最大化）与非合作模型（流域单个城市的经济利益最大化），探讨得到技术乐园情景合作模型才是流域内城市群发展的最佳模式。最后提出鉴于水资源的特殊性，应重视从流域的角度对水资源和生态资源及人类活动进行综合管理，并从重视公众参与、建立流域综合管理的权威协调机构和规范流域综合管理机构职能、建立流域生态补偿机制三个方面对我国和福建省流域综合管理体制进行创新。

第 7 章　总结

7.1　主要研究结论

7.1.1　福建省城市化与水资源利用的相关关系

针对福建省九市 2001—2019 年的城市化水平、用水效益、用水结构、人均用水水平和用水总量进行了定量分析，发现福建省各市城市化水平与用水效益呈线性增长关系，且城市化水平越高的城市，其用水效益越高；大部分城市的用水格局基本朝第二产业和第三产业过度，农业用水逐渐大幅减少，用水结构还有待进一步调整；人均用水量与城市化水平之间表现出一定的相关性，大部分城市呈正相关，厦门市和三明市呈负相关，说明了不同城市化水平下的水资源利用状况，大部分城市尤其是南平市和宁德市仍然沿袭较为粗放的水资源利用模式，而城市化水平较高的城市在城市化综合发展的同时，用水模式在不同程度上进行了一定的调整改善，从而减少了人均用水量。除漳州市和三明市外，其他城市用水总量与城市化水平呈对数正相关，说明城市化水平越高，所需用水量越多，但城市的水资源有限，如果对水资源不进行有限开源和节流，城市化过程将偏离对数关系曲线模型。

7.1.2　福建省城市化综合发展与水资源可持续利用的耦合作用

本章根据我国统计数据特点，基于“驱动力—压力—状态—响应”（DPSR）模型，采取了专家分析法、公众调查法、主成分分析等方法，从水资源和城市化双向角度建立了层层递进的城市化与水资源耦合的 DPSR 反馈指标体系。利用灰色关联度分析法识别了城市化对水资源的主要影响因素，分别为第三产业产值占 GDP 的比重、城市用水普及率、工业产值占 GDP 的比重、第三产业从业人口比重、城镇居民人均可支配收入、年末总人口、城镇居民人均消费支出、非农人口比重和第三产业产值增长率，大部分来自经济结构、生活质量、基础设施等状态层次，既说明社会城市化与经济城市化在城市化发展中占主导地位，也说明这些来自经济和社会的关键影响因素对水资源可持续利用的影响作用。水资源环境对城市化的主要影响因素分别为全年供水量、工业废水排放达标率、水资源开发利用率、城镇生活污水排放量、农村生活污水排放量，大部分来自环境负荷和资源利用状态层次，既说明水资源环境压力在水资源开发与利用系统面临的总体压力中占主导地位，也说明这些关键影响因素对城市化的影响作用。在对城市化政策实施、城镇规划与进行水资源合理开发和配置的同时，应密切关注这些关键影响因素的变化，并做出相应反馈。

计算了福建省 2001—2019 年城市化与水资源环境的时间与空间耦合度，从长时间序列上看，城市化与水资源二者的耦合度作用有减弱趋势。总体来看，耦合度呈现此消彼长的波动性变化趋势。在空间上，按各城市城市化综合发展与水资源可持续利用的耦合度排序为南平市（0.7992）＞漳州市（0.7455）＞三明市（0.6760）＞泉州市（0.6741）＞龙岩市（0.6557）＞莆田市（0.6403）＞厦门市（0.6356）＞福州市（0.6263）＞宁德市（0.6256），表现为从北至南边缘城市高，中心城市低，内陆高于沿海，经济发展迟缓的城市高于经济发达城市的特点。

7.1.3 福建省城市化综合发展与水资源可持续利用综合评判及水资源约束力的识别

通过分别建立水资源和城市化多指标体系，反映水资源可持续利用潜力和城市化综合发展情况。利用熵技术支持下的层次分析法分别计算了各指标的权重，最终得到水资源可持续利用潜力指数和城市化综合发展综合指数时空变化情况。水资源开发利用潜力综合指数较高的是南平市、宁德市、龙岩市与三明市，其次是厦门市、莆田市和漳州市。福建省城市化综合发展指数以厦门市为最高，其次为福州市、泉州市和三明市，其他城市地区城市化综合水平排名依次为龙岩市＞漳州市＞莆田市＞南平市＞宁德市，与福建省经济、社会和人口发展水平一致。

总体来看，福建省及各城市地区的水资源约束强度中等。从时间上看，各市的水资源约束强度呈现先上升后下降再上升再下降的波动变化趋势，总体呈下降趋势。从空间上看，各城市的水资源对其城市化的约束强度均值都属于较强约束和弱约束类型。大小顺序为泉州市（0.3148）＞漳州市

（0.3135）＞莆田市（0.2961）＞福州市（0.2845）＞宁德市（0.2677）＞龙岩市（0.2575）＞厦门市（0.2569）＞三明市（0.2030）＞南平市（0.1967）。

最后，根据 2019 年的城市化水平、人均综合用水量、用水总量、用水效益和耦合度、水资源约束强度，识别福建省各市城市化与水资源系统所处的阶段：厦门市属于高水平协调阶段，泉州市和福州市处于磨合阶段与高水平协调阶段之间，三明市、南平市和龙岩市处于磨合阶段与拮抗阶段之间，莆田市、漳州市和宁德市处于磨合阶段。总体来看，沿海城市的耦合阶段高于内陆城市，经济发达的城市高于经济落后的城市。水资源短缺问题并不会局限城市化发展，如厦门市虽然极度缺水，但是大力发展节水、治水技术，提高居民的节水意识，合理配置水资源；而龙岩市、南平市和三明市，人均用水量大，用水效益低，用水结构不合理，限制了城市化发展。

7.1.4　水资源约束下系统动力学模型预测福建省城市化综合发展与水资源利用情况

通过运用系统动力学模型模拟预设情景水资源约束下福建省各市在 2011—2050 年的城市化水平及经济发展趋势。四种发展情景分别为千年生态评估描述的全球协同、实力秩序、适应组合和技术乐园。模拟预测结果表明在水资源红线约束下，预测时间段内，位于稳定阶段的城市为福州市、厦门市；位于中等加速阶段的城市为泉州市、莆田市、漳州市；位于较高加速阶段的城市为三明市、龙岩市、南平市和宁德市，且技术乐园情景是最佳城市发展情景。2035 年，各城市的城市化水平均已达到城市化发展的高级阶段（福建省平均 78.8%），人均 GDP 及三次产业结构达到了西方中等发达国家水平（福建省平均：人均 GDP 30.1 万元，三产比例 3.4 ∶ 33.9 ∶ 62.7），城市化与水资源的耦合关系均已经达到了高水平协调阶段，符合环境库兹涅茨曲线发展规律。

7.1.5　城市化过程与水资源安全协调发展的途径

从多渠道供水保障、供水资源优化配置和流域综合管理三个方面分析讨论了城市化过程与水资源安全协调发展的途径及案例应用。多渠道供水主要考虑了一系列工程措施和非工程措施，如跨流域调水工程、流域内调水工程和非工程措施如海水淡化、中水回用、雨水资源利用（建设海绵城市）、构建水安全保障体系。供水资源优化配置主要从非工程措施的角度采用环境经济学的博弈法和线性规划模型（LP）构建流域城市群的合作（流域城市群的经济利益最大化）与非合作模型（流域单个城市的经济利益最大化），探讨得到技术乐园情景合作模型才是流域内城市群发展的最佳模式。最后提出鉴于水资源的特殊性，应更重视从流域的角度对水资源和生态资源及人类活动进行综合管理，并重视公众参与、建立流域综合管理的权威协调机构和规范流域综合管理机构职能、建立流域生态补偿机制三个方面对我国和福建省流域综合管理体制进行创新。

7.2 主要创新点

本书应用了灰色关联度模型、熵技术支持下的层次分析法、系统动力学模型（SD）、博弈论和线性规划模型（LP）探究了城市化过程与水资源可持续发展的错综复杂关系及交互耦合作用以及二者之间安全协调发展所需采取的途径、有效政策和对策。研究领域涉及了环境学、城市规划学、经济学和数学领域，具有一定的创新性。主要体现在以下四个方面。

第一，基于“驱动力—压力—状态—响应”（DPSR）模型，从水资源和城市化双向角度建立了层层递进的城市化与水资源耦合的 DPSR 反馈指标体系。利用灰色关联度分析法识别了城市化对水资源的主要影响因素和水资源对城市化的主要影响因素。计算了福建省城市化与水资源环境的时间与空间耦合度，得出耦合度从北至南边缘城市高，中心城市低，内陆高于沿海，经济发展迟缓的城市高于经济发达城市的结论。

第二，利用熵技术支持下的层次分析法（AHP）计算水资源约束强度，验证福建省城市化进程中存在的水资源约束力；判断城市化发展与水资源环境耦合作用过程所处的阶段，得出水资源与城市化的耦合关系所处阶段在空间上总体呈现为从北至南中心城市处于较高发展阶段，边缘城市处于较低发展阶段，沿海高于内陆，经济发达的城市高于经济发展迟缓城市的结论。

第三，在千年生态评估四种情景下，利用系统动力学模型（SD）预测福建省各市 2011—2050 年的用水配置情况、城市化水平、产业布局、GDP 及人均 GDP 等指标，得出技术乐园情景是最佳城市发展情景。

第四，利用经济学的博弈论和数学的线性规划模型（LP）与系统动力学相结合，从流域城市群获取最大用水净效益的角度探讨水资源优化配置的合理性，研究得到技术乐园情景合作模型是流域内城市群发展的最佳模式。

7.3　不足之处

第一，由于获取数据受条件所限，仅查阅了 2001—2019 年福建省与城市化的相关数据，数据不够充分饱满，可能会造成研究结论的不充分。

第二，系统动力学方法预测区域城市化发展与水资源利用情况，还可进一步细化和深入。

第三，水资源合理配置是一个较大的研究课题，文中只是采用线性规划方法简单预测了九龙江流域各县区的用水组成及产业布局情况，可以尝试多种方法如动态规划、模糊数学、神经网络、遗传算法等对水资源的水量、水调度问题进行更深入和进一步的研究。

7.4　研究展望

第一，从环境经济学的角度，利于水权归属、水价制定等不同层面探讨水资源的可持续合理规划与管理问题。

第二，从大流域和大区域角度，利用多种计算机模型和数学方法甚至工程措施，研究水资源的合理配置与调度，如考虑生态问题的水资源生态调度。

第三，探究大城市出现的逆城市化、再城市化、后城市化等现象与水资源环境的关系，为合理制定城市规划，优化配置水资源，最大限度地开源节流提供理论依据。

参考文献

[1] ADGER W N, KELLY P M. Social vulnerability to climate change and the architecture of entitlements[J]. Mitigation and Adaptation Strategies for Global Change, 1999, 4 (3–4): 253–266.

[2] ALCOTT E, ASHTON M, GENTRY B. Natural and Engineered Solutions for Drinking Water Supplies: Lessons from the Northeastern United States and Directions for Global Watershed Management[M]. Boca Raton: CRC Press, 2013.

[3] ATEF Al Kharabsheh, RAK ad Taany. Influence of urbaization on water quality deterioration during drought periods at South Jordan[J]. Journal of Arid Environments, 2003, (53): 619–630.

[4] BAO C, FANG .L. Water resources constraint force on urbanization in water deficient regions: a case study of the Hexi Corridor, arid area of NW China[J]. Ecological Economics, 2007, 62(3–4): 508–517.

[5] BAO C, FANG C L. Integrated assessment model of water resources constraint intensity on urbanization in arid area[J]. Journal of Geographical Science, 2009, 19: 273–286.

[6] BARTLETT S. WATER, sanitation and urban children: the need to go beyond improved provision[J]. Environment And Urbanaization, 2003, 15: 57–70.

[7] BECKER N, EASTER K W. Water diversion from the great lakes: Is a cooperative approach possible[J]. Water Resources Development, 1997, 13(1): 53–66.

[8] BETTENCOURT L, LOBO J, HELBING D, et al. Growth, innovation, scaling, and the pace of life in cities[J]. Proceedings of the National Academy of Sciences. U.S.A., 2007, 104: 7301–7306.

[9] BHATIA R, FALKENMARK M. Water Resource Policies and the Urban Poor:

Innovative Approaches and Policy Imperatives[R]. Water and Sanitation Currents. World Bank, Washington, DC, 1993.

[10] BIELSA J, ROSA D. An economic model for water allocation in north eastern Spain[J]. Water Resources Development, 2001, 17(3): 397−408.

[11] BISWAS A K. Water for sustainable development in the 21st century: a global perspective[J]. International Journal of Water Resources Development, 1991, 7 (4): 219−224.

[12] BOWEN R E, RILEY C. Socio−economic indicators and integrated coastal management[J]. Ocean and Coastal Management, 2003, 46: 299−312.

[13] BRADLEY R M, WEERARATNE S, MEDIWAKE T M M. Water use projections in developing countries[J]. Journal American Water Works Association, 2002, 94: 52.

[14] BROWN R R, KEATH ., WONG, T H F. Urban water management in cities: historical, current and future regimes[J]. Water Science and Technology, 2009, 59(5): 847−855.

[15] CAI X M, DAENE C M, LEON S L. Piece−by−piece approach to solving large nonlinear water resources management models[J]. Journal of Water Resources Planning and Management, 2001, 127(6): 363−368.

[16] CARR E R, et al. Applying DPSIR to sustainable development[J]. International Journal of Sustainable Development and World Ecology, 2007, 14 (6): 543−555.

[17] CAVE R R, LEDOUX L, TURNER K, et al. The Humber catchment and its coastal area: from UK to European perspectives[J]. Science of the total environment, 2003, 314: 31−52.

[18] CHAU K. Management of limited water resources in Hong Kong[J]. Water Resource Development, 1993, 9: 65−73.

[19] COHEN B. Urbanization in developing countries: Current trends, future projections, and key challenges for sustainability[J]. Technology in Society, 2006, 28: 63−80.

[20] CONAN C, MARSILY G DE, BOURAOUI F, et al. A long−term hydrological modelling of a semi−arid mediterranean watershed[J]. Geophysical Research Abstracts, 2001, (3): 39.

[21] SMEETS E W. Environmental indicators: typology and overview[R]. Copenhagen: European Environment Agency, 19−99.

[22] ELMQVIST T, FRAGKIAS M, GOODNESS, et al. Urbanization, Biodiversity, and Ecosystem Services: Challenges and Opportunities[J]. Springer, New York, 2013.

[23] FALKENMARK M, WIDSTRAND C. Population and water resources: a delicate balance[J]. Population Bulletin, 1992, 47: 1−36.

[24] FANG C L, BU W N, BAO C. Options of water−ecology−economy balanced development and water usage analysis in the Heihe Watershed[J]. Acta Ecologica Sinica, 2004, 24(8): 1701−1709. (in Chinese)

[25] FANG C L, MAO H Y. A system of indicators for regional development planning[J]. Acta Geographica Sinica, 1999, 54(5): 410−419.

[26] FANG C L, WEI Y H. Evaluation on the sustainable development capacity and regularity of its regional differentiation in Hexi region[J]. Acta Geographica Sinica, 2001, 56(5): 561−569.

[27] FENG L, ZHANG X, LUO G. Application of system dynamics in analyzing the carrying capacity of water resources in Yiwu City, China[J]. Mathematics and Computers in Simulation, 2008, 79(3): 269−278.

[28] FITZHUGH T W, RICHTER B D. Quenching urban thirst: growing cities and their impacts on freshwater ecosystems[J]. Bioscience, 2004, 54: 741−754.

[29] GUAN M, ZHENG H. Linear Programming[M]. Jinan: Shandong Science & Technology Press, 1983.

[30] GIUPPONI C. From the DPSIR reporting framework to a system for a dynamic and integrated decision making process. In: MULINO conference on European policy and tools for sustainable water management, 2002,21−23.November, Venice [online].

[31] GIUPPONI C. Decision support systems for implementing the European Water Framework Directive: the MULINO approach[J]. Environmental modelling and software, 2007, 22(2): 248−258.

[32] GLEICK P H, BURNS W C G, CHALECKI E L, et al. The world’ s water, 2002−2003; the biennial report on freshwater resources[R]. United States, 2002.

[33] GOBER P, KIRKWOOD C W. Vulnerability assessment of climate-induced water shortage in Phoenix[C]. Washington D.C: Proceedings of the National Academy of Sciences, 2010,107 (50): 21295-21299.

[34] GU C, HU L, ZHANG X, et al. Climate change and urbanization in the Yangtze River Delta[J]. Habitat International, 2011, 35(4): 544-552.

[35] GÜNERALP B, SETO K C. Environmental impacts of urban growth from an integrated dynamic perspective: a case study of Shenzhen, South China[J]. Global Environmental Change, 2008, 18(4): 720-735.

[36] JENERETTE G D, LARSEN L. A global perspective on changing sustainable urban water supplies[J]. Global Planet. Change, 2006, 50: 202-211.

[37] HARRIS J M, KENNEDY S. Carrying Capacity in Agriculture: Global and Regional Issues[J]. Ecological Economics, 1998, 29: 443-461.

[38] HOWARD G, BARTRAM J. Domestic Water Quantity, Service, Level and Health[J]. World Health Organization, Geneva, 2003.

[39] KARAGEORGIS A P, et al. An integrated approach to watershed management within the DPSIR framework: Axios River catchment and Thermaikos Gulf[J]. Regional Environmental Change, 2005, 5, 138-160.

[40] KAUFMAN E, OPPENHEIMER J, WOLF A T, et al. Transboundary fresh water disputes and conflict resolution: Planning an integrated approach[J]. Water International, 1997, 22(1): 37-48.

[41] KENDY E, WANG J X, MOLDEN D J, et al. Can urbanization solve inter-sector water conflicts? Insight from a case study in Hebei Province, North China Plain[J]. Water Policy, 2007, 9 (1): 75-93.

[42] KIBLER D F, FROELICH C D, ARON G. Analyzing urbanization impacts on Pennsylvania flood peaks[J]. Journal of American Water Resources Association, 2007, 17(2): 270-274.

[43] KNAPP J. Water use in arid and semi-arid regions: in the hands of local and watershed-level managers[J]. Journal of Soil and Water Conservation, 1995, (50): 412-423.

[44] LEDERBOGEN F, KIRSCH P, HADDAD L, et al. City living and urban upbringing affect neural social stress processing in humans[J].Nature, 2011, 474:

498−501.

[45] LEJANO R P, CLIMIS A D. Cost allocation of multiagency water resource projects: Game theoretic approaches and case study[J]. Water Resources Research, 1995, 31(5): 1387−1393.

[46] LERNER D N, BARRETT M H. Urban groundwater issues in the United Kingdom[J]. Hydrogeology Journal, 1996, 4(1): 80−89.

[47] LUERS A L. The surface of vulnerability: an analytical framework for examining environmental change[J]. Global Environmental Change, 2005, 15: 214−223.

[48] LUERS A L, LOBELL D B, SKLAR L S, et al. A method for quantifying vulnerability, applied to the agricultural system of the Yaqui Valley, Mexico[J]. Global Environmental Change, 2003, 13: 255−267.

[49] LU G. Application of linear programming[J]. Market Modernization, 2007, 12: 381−382.

[50] LUNDQVIST J, APPASAMY P, NELLIYAT P. Dimensions and Approaches for Third World City Water Security[J]. Philosophical Transactions of the Royal Society of London Series B-Biologica Sciences, 2003, 358 (1440): 1985−1996.

[51] MCDONALD R I. Global urbanization: can ecologists identify a sustainable way forward? [J]. Frontiers in Ecology and the Environment, 2008, 6: 99−104.

[52] MCDONALD R I, DOUGLAS I, GRIMM N B, et al. Implications of fast urban growth for freshwater provision[J]. Ambio, 2011a, 40: 437−447.

[53] MCDONALD R I, GREEN P, BALK D, et al. Urban growth, climate change, and freshwater availability[J]. Proceedings of the National Academy of Sciences, 2011b, 108 (15): 6312−6317.

[54] MCDONALD R I, MARCOTULLIO P, Güneralp. Urbanization and trends in biodiversity and ecosystem services[A]. In: Elmqvist T., Fragkias M, Goodness J, et al. Urbanization, Biodiversity, and Ecosystem Services: Challenges and Opportunities[M]. New York: Springer, 2013.

[55] MCDONALD R, WEBER K, PADOWSKI J, et al. Water on an urban planet: Urbanization and the reach of urban water infrastructure[J]. Global Environmental Change, 2014, 27: 96−105.

[56] MEINZEN-Dick R, APPASAMY P. Urbanization and Intersectoral Competition

for Water, Finding the Source: The Linkage between Population and Water[R]. Woodrow Wilson International Centre for Scholars, Washington D C, 2002.

[57] MICHAEL D W, KEITH A G. The effects of watershed urbanization on the stream hydrology and riparian vegetation of Los Peñasquitos Creek, California[J]. Landscape and Urban Planning, 2006, 74(2): 125−138.

[58] MONTGOMERY M. The urban transformation of the developing world[J]. Science, 2008, 319: 761−764.

[59] MOLLE F, BERKOFF J. Cities versus agriculture: revisiting intersectoral water transfers, potential gains and conflicts[R]. IWMI Comprehensive Assessment Research Report 10, IWMI Comprehensive Assessment Secretariat, Colombo, SriLanka, 2006.

[60] MORRIS R L, DEVITT D.A. Urbanization and water conservation in Las Vegas Valley, Nevada1[J]. Journal of Water Resources Planning and Management Hydrology, 1996, 12 (3): 189−196.

[61] NASH J E, SUTTCLIFFE V. River Flow Forecasting Through Conceptual Models: A Discussion of Principles[J]. Journal of Hydrology, 1970, 10 (3): 280−292.

[62] OECD. OECD core set of indicators for environmental performance reviews[C]. Paris: OECD, 1993.

[63] OLLI VARIS, VAKKILAINEN P. China's 8 challenges to water resources management in the first quarter of the 21st Century [J]. Geomorphology ,2001 ,41: 93−104.

[64] PADOWSKI J C, JAWITZ J W. Water availability and vulnerability of 225 large cities in the United States[J]. Water Resources. Research, 2013, 48.

[65] POSTEL S L, DAILY G C, EHRLICH P R. Human appropriation of renewable fresh water.[J]. Science, 1996, 271: 785−788.

[66] RIJISBERMAN,et al. Different approaches to assessment of design and management of sustainable urban water system[J] .Environment Impact Assessment Review, 2000 ,129 (3): 333−345.

[67] ROGERS P, BOUHIA H, KALBERMATTEN J. Water for big cities: big problems, easy solutions?[A]. In: Rosan, C, Ruble Blair, A, Tulchin Joseph,

S. (Eds.), Urbanization, Population, Environment, and Security: A Report of the Comparative Urban Studies Project[R]. Washington,DC: Woodrow Wilson International Center for Scholars, 2000.

[68] SETO K C, Sa′NCHEZ RODRI′GUEZ R, FRAGKIAS M. The new geography of contemporary urbanization and the environment[J]. Annual Review of Energy and Environment, 2010, 35 (1): 167−194.

[69] SETO K C, SATTERTHWAITE D. Interactions between urbanization and global environmental change[J]. Current Opinion in Environmental Sustainability, 2010, 2 (3): 127−128.

[70] SHADANANAN K N. An assessment of the water resources in the catchments of Kerala, India[J]. Geophysical Research Abstracts, 2001, 8(3): 23.

[71] SHANG J, WILSON J P. Watershed urbanization and changing flood behavior across the Los Angeles metropolitan region[J]. Natural Hazards, 2009, 48: 41−57.

[72] SIM L K, BALAMURUGAN G. Urbanization and urban water problems in Southeast Asia, a case of unsustainable developmen [J]. Journal of Environmental Management, 1991, 32(3): 195−209.

[73] SMITH V H, TILMAN G D, NEKOLA J C. Eutrophication: impacts of excess nutrient inputs on freshwater, marine, and terrestrial ecosystems[J]. Environmental pollution, 1999, 100: 179−196.

[74] SOURO D JOARDAR. Carrying CaPACities and Standards as Bases Towards Urban Infrastructure PlanNIng in India : A Case of Urban Water Supply and Sanitation[J].Urban Infrastructure Planning in India ,1998 , 22 (3): 327 − 337.

[75] SRINIVASAN V, SETO K C, EMERSON R, et al. The impact urbanization on water vulnerability: a coupled human−environment system approach for Chennai[J]. India. Global Environmental Change, 2013, 23: 229−239.

[76] SURIYA S, MUDGAL B V. Impact of urbanization on flooding: The Thirusoolam subwatershed − A case study[J]. Journal of Hydrology, 2012, 412−413: 210−219.

[77] TISDELL J G, HARRISON S R. Estimating an optimal distribution of water entitlements[J]. Water Resources Research, 1992, 28(12): 3111−3117.

[78] TOMOHIRO, OKADERA, MASATAKA, et al. Analysis of water demand and water pollutant discharge using a regional input–output table: an application to the

City of Chongqing, upstream of the Three Gorges Dam in China[J]. Ecological Economics, 2006, 58 (2): 222−237.

[79] TURNER B L, KASPERSON R E, MATSON P A, et al. A framework for vulnerability analysis in sustainability science[J]. Proceedings of the National Academy of Sciences of the United States of America, 2003, 100: 8074−8079.

[80] TURNER R K, GEORGIOU S, GREN I M, et al. Managing nutrient fluxes and pollution in the Baltic: an interdisciplinary simulation study[J]. Ecological economics, 1999, 30 (2): 333−352.

[81] UMESH C C. Water conflict resolution in the Ganga−Brahmaputra basin[J]. International Journal of Water Resources Development, 1990, 6(2): 79−85.

[82] UNEP. Global environment outlook 3: past, present and future perspectives[R]. London: Earthscan. 2002.

[83] UNESCO, FAO. Carrying capacity assessment with a pilot study of KenYa : A resource accounting methodology for exploring national options for sustainable development[R]. Paris and Rome, 1985.

[84] United Nations Centre for Human Settlements (Habitat)and United Nations Environment Program. Developing a Strategy for Urban Water Demand Management, Expert Group Meeting[C]. Cape Town,1999, 1−23.

[85] UNPD. World Urbanization Prospects: The 2011 Revision[R]. United Nations Population Division, New York, 2011.

[86] VO P. Urbanization and water management in Ho Chi Minh City, Vietnamissues, challenges and perspectives[J]. GeoJournal, 2007, 70 (1): 75−89.

[87] WANG H, HE Q, LIU, X, et al. Global urbanization research from 1991 to 2009: A systematic research review[J]. Landscape and Urban Planning, 2012, 104(3/4): 299−309.

[88] WANG J Y, DA L J, SONG K, et al. Temporal variations of surface water quality in urban, suburban and rural areas during rapid urbanization in Shanghai, China[J]. Environmental Pollution, 2008, 152(2): 387−393.

[89] World Water Council. World Water Vision 2025[M]. London: Earthscan Publications Ltd, 2000.

[90] WU P, TAN M. Challenges for sustainable urbanization: a case study of water

shortage and water environment changes in Shandong, China[J]. Procedia Environmental Sciences, 2012, 13: 919−927.

[91] XU JH. Mathematic Methods in Modern Geography. 2nd ed[M]. Beijing: Higher Education Press, 2002.

[92] YANG W Q, DUAN H M. The research of water resource, economy and population in researching the water bearing−capacity[J]. Journal of Shaanxi University of Technology (Natural Science Editon), 2007, 23(4): 83−88.

[93] YANG Z, ZENG Y. Mathematical model for water conflict and coordination in trans−boundary regions[J]. Acta Scientiae Scientiae Circumstantiae, 2004, 24(1): 71−76.

[94] ZENG W H, YANG Z F, CHENG S T. Integrated water resources management on river basin[J]. China Environmental Science, 2001, 21(2): 173−176.

[95] ZHANG X, HU H, XU J, et al. Coordination of urbanization and water ecological environment in Shayinghe River Basin, China[J]. Chinese Geographical Science, 2011, 21(4): 476−495.

[96] 曾惠，鄢春华，黄婉彬，等 . 城市化水平与水资源利用效率的关系研究——以珠江三角洲城市群为例 [J]. 北京大学学报（自然科学版），2020，56（3）：10.

[97] 鲍超，方创琳 . 河西走廊城市化与水资源利用关系的量化研究 [J]. 自然资源学报，2006，21（2）：302−310.

[98] 鲍超，方创琳 . 西北干旱区水资源约束城市化进程的定量辨识 [J]. 中国沙漠，2007（4）：704−710.

[99] 鲍超，方创琳 . 水资源约束力的内涵、研究意义及战略框架 [J]. 自然资源学报，2006，2006（5）：844 −852.

[100] 鲍超，方创琳 . 城市化与水资源开发利用的互动机理及调控模式 [J]. 城市发展研究，2010，12(17)：19−23.

[101] 曹喆，张淑娜 . 天津城市化的发展趋向与水资源可持续利用 [J]. 城市环境与城市生态，2002，22（3）：24−26.

[102] 曾维华，程声通，杨志峰 . 流域水资源集成管理 [J]. 中国环境科学，2001，21（2）：173−176.

[103] 陈定贵，吕宪国，王艳平 . 长春市城市发展与水资源环境约束关系研究 [J].

东北师大学报（自然科学版），2008，40（2）：130-135.

[104] 陈明星，叶超，周义 . 城市化速度曲线及其政策启示——对诺瑟姆曲线的讨论与发展 [J]. 地理研究，2011，30（8）：1499-1507.

[105] 陈南祥，魏杰，甘甜 . 基于可持续发展的区域水资源优化配置研究 [J]. 水利与建筑工程学报，2011，9（4）：233-237.

[106] 陈彤，任丽军 . 山东省城市化与水环境耦合协调模式分析 [J]. 人民黄河，2013（6）：75-79.

[107] 党国锋，赵军，鱼腾飞 . 城市化与西北城市居民用水关系的定量研究——以兰州市为例 [J]. 西北师范大学学报（自然科学版），2007，43（3）：97-101.

[108] 董林，陈璇璇 . 城市可持续发展的水资源约束分析 [J]. 水利科技与经济，2006（8）：525 -527.

[109] 方创琳，黄金川，步伟娜 . 西北干旱区水资源约束下城市化过程及生态效应研究的理论探讨 [J]. 干旱区地理，2004，27（1）：01- 07.

[110] 方创琳，李铭 . 水资源约束下西北干旱区河西走廊城市化发展模式 [J]. 地理研究，2004（6）：825 -832.

[111] 方创琳，乔标 . 水资源约束下西北干旱区城市经济发展与城市化阈值 [J]. 生态学报，2005（9）：2413 -2422.

[112] 方创琳，等 . 中国城市化进程及资源环境保障报告 [M]. 北京：科学出版社，2009.

[113] 冯兰刚，都沁军 . 试论城市化发展对水资源的胁迫作用——以河北省为例 [J]. 湖南财经高等专科学校学报，2009，25（118）：4.

[114] 高翔，鱼腾飞，程慧波.西北地区水资源环境与城市化系统耦合的时空分异——以西陇海兰新经济带甘肃段为例 [J]. 干旱区地理，2010，33（6）：1010-1018.

[115] 高翔，鱼腾飞，程慧波 . 西陇海兰新经济带甘肃段水资源环境与城市化交互耦合时空变化 [J]. 兰州大学学报（自然科学版），2010，46（5）：11-18.

[116] 高翔 . 水资源约束下的西陇海兰新经济带甘肃段城市化过程研究 [D]. 兰州：兰州大学博士论文，2009.

[117] 高晓薇，刘家宏 . 深圳河流域城市化对河流水文过程的影响 [J]. 北京大学学报（自然科学版），2012，48（1）：153-159.

[118] 高云福 . 城市化发展与水系统的演变 [J]. 城市勘测，1998(3)：5-8.

[119] 古丽娜尔 · 沙依木，艾力 · 买买吐松 . 基于灰色理论的和田地区城市化与水

资源利用的关联分析 [J]. 和田师范专科学校学报，2012（31）：97–100.

[120] 黄国如，何泓杰 . 城市化对济南市汛期降雨特征的影响 [J]. 自然灾害学报，2011，20（3）：7–12.

[121] 贾嵘，蒋晓辉，薛惠峰，等 . 缺水地区水资源承载力模型研究 [J]. 兰州大学学报（自然科学版），2000，36（2）：114–121.

[122] 姜文来 . 中国 21 世纪水资源安全对策研究 [J]. 水科学进展，2001，12（1）：66–71.

[123] 修红玲，朱文彬，韦家兴，等 . 中国水资源承载能力调控关键技术与政策研究 [J]. 北京师范大学学报（自然科学版），2020，56（3）：7.

[124] 李锦秀，徐嵩龄 . 流域水污染经济损失计量模型 [J]. 水利学报，2003（10）：68–74.

[125] 李娜，孙才志，范斐 . 辽宁沿海经济带城市化与水资源耦合关系分析 [J]. 地域研究与开发，2010（8）：47–51.

[126] 李娜，许有鹏，陈爽 . 苏州城市化进程对降雨特征影响分析 [J]. 长江流域资源与环境，2006，15（3）：335–339.

[127] 宋明明，张建云，刘艳丽，等 . 南方典型城市化流域降雨极值及概率特征研究 [J]. 水力发电学报，2021，40（9）：13.

[128] 李书严，马京津 . 城市化进程对北京地区降水的影响分析 [J]. 气象科学，2001，31（4）：414–421.

[129] 李雪铭，张婧丽 . 淡水资源稀缺性城市供需水量与城市化关系分析 [J]. 干旱区资源与环境，2007，21（7）：96–100.

[130] 李宗礼，李新攀，赵文举，等 . 基于多目标遗传算法的石羊河流域水资源优化配置模型 [J]. 兰州理工大学学报，2013，39（2）：52–55.

[131] 联合国 . 千年生态评估报告集 [M]. 赵士洞，张永民，赖鹏飞，译 . 北京：中国环境科学出版社，2007.

[132] 梁灵君，杨忠山，白国营 . 城市化进程对北京城区降水影响探讨 [J]. 北京水务，2011（3）：15–18.

[133] 刘昌明，何希吾 . 中国 21 世纪水问题方略 [M]. 北京：北京科学出版社，1996.

[134] 刘国成，完颜华 . 中国城市化进程中水资源与水环境问题研究 [J]. 中国科技信息，2009（10）：26–27.

[135] 刘涓，聂川翔，谢谦，等．流域降雨径流关系的变化现状及其原因分析 [J]. 安徽农业科学，2010（10）：1057–1062.

[136] 刘强，陈进，黄薇，等．水资源承载力研究 [J]. 中国水利，2003（5）：78–84.

[137] 刘善建．水的开发和利用 [M]. 北京：中国水利水电出版社，2000：164–165.

[138] 刘耀彬，李仁东，宋学锋．中国区域城镇化与生态环境耦合的关联分析 [J]. 地理学报，2005，6（2）：237–247.

[139] 刘耀彬．城市化与生态环境耦合机制与调控研究 [M]. 北京：经济科学出版社，2007：192–227.

[140] 龙振华，丁雨恒，赵良，等．河流生态系统与城市化进程中对小流域河流的影响研究 [J]. 中国水利水电市场，2010，6（1）：24–27.

[141] 马国军，林栋，刘君娣，等．基于多目标分析的石羊河流域水资源优化配置研究 [J]. 中国沙漠，2008，28（1）：191–194.

[142] 杨爽，吴若兰．中华人民共和国成立以来城镇化的演进历程与未来发展方向 [J]. 建筑与文化，2020（12）：165–166.

[143] 牟海省，刘昌明．我国城市设置与区域水资源承载力协调研究刍议 [J]. 地理学报，1994，49（4）：338–343.

[144] 聂春霞，刘晏良．水资源约束下的新疆城市化过程预测 [J]. 干旱区资源与环境，2012，26（6）：193–197.

[145] 钱易，等．中国城市水资源可持续开发利用 [M]. 北京：中国水利水电出版社，2002.

[146] 邱永杨．福建省水资源现状及其利用分析 [J]. 淮海工学院学报（社会科学版·人文纵横），2011，9（11）：113–117.

[147] 沈坤荣，蒋锐．中国城市化对经济增长影响机制的实证研究 [J]. 统计研究，2007（6）：9–15.

[148] 盛广耀．城市化模式与资源环境的关系 [J]. 城市问题，2009（1）：11–17.

[149] 史培军，袁艺，陈晋．深圳市土地利用变化对流域径流的影响 [J]. 生态学报，2001，21（7）：1041–1049.

[150] 宋建军，张庆杰，刘颖秋．2020 年我国水资源保障程度分析及对策建议 [J]. 中国水利，2004（9）：14–17.

[151] 宋全香，左齐亭，杨峰．城镇化建设带来的水问题及解决措施 [J]. 水资源与

水工程学报，2004，15（1）：56－58.
[152] 苏志勇，徐中民，张志强，等．黑河流域水资源承载力的生态经济研究 [J]. 冰川冻土，2002，24（4）：400–406．
[153] 粟晓玲，康绍忠．石羊河流域多目标水资源配置模型及其应用 [J]. 农业工程学报，2009，25（11）：128–132.
[154] 陶林，郑博福．城市化进程中的水环境问题研究 [J]. 广东化工，2009（8）：81–85.
[155] 陶涛，信昆仑，刘遂庆．城市化进程中水资源供需趋势分析 [J]. 中国给水排水，2006，22（8）：8–11.
[156] 王栋，史运良，王腊春．浅析太湖流域水资源系统退化与修复对策 [J]．水资源保护，2003（6）：41–42.
[157] 王浩，秦大庸，王建华，等．西北内陆干旱区水资源承载能力研究 [J]．自然资源学报，2002，17（3）：262–269.
[158] 王其藩．系统动力学 [M]. 北京：清华大学出版社，1994：50–51.
[159] 王艳君，吕宏军，施雅风，等．城市化流域的土地利用变化对水文过程的影响——以秦淮河流域为例 [J]. 自然资源学报，2009，24（1）：30–36.
[160] 王玉成，耿延博，王婷，等．城市化对水文要素影响分析 [J]. 东北水利水电，2008，26（6）：16–17.
[161] 文琦，何彤慧．近 10 年来我国水资源承载力研究综述 [J]. 水资源保护，2005，21（6）：11–16.
[162] 吴季松．现代水资源管理理论 [M]. 北京：中国水利水电出版社，2002.
[163] 吴季松．水务知识读本 [M]. 北京：中国水利水电出版社，2003：49–50.
[164] 夏军，张永勇，王中根，等．城市化地区水资源承载力研究 [J]. 中国水利，2006（12）：48–53.
[165] 夏军，朱一中．水资源安全的度量：水资源承载力的研究与挑战 [J]．自然资源学报，2004（2）：87–94.
[166] 新疆水资源软科学课题研究组．新疆水资源及其承载力的开发战略对策 [J]. 水利水电技术，1989（6）：2–9．
[167] 杨卫强，段汉明．基于水资源承载力的水资源、经济、人口互适性研究——以渭南市为例 [J]. 陕西理工学院学报（自然科学版），2007，23（4）：83–88.

[168] 闫浠墅 . 七十年人口发展变革城镇化水平显著提高 [J]. 辽宁经济统计，2019.

[169] 杨雪星，福建省新高世椇型城镇化发展现状与对策 [J]. 台湾农业探索，2014，4（2）：112−118.

[170] 姚治君，王建华，江东，等 . 区域水资源承载力的研究进展及其理论探析 [J]. 水科学进展，2002，13（1）：111−115.

[171] 张军，扩刘锋，侯永志 . 中国城镇化存在的问题及其成因 [J]. 中国发展评论中文版，2007，9（4）：22−27.

[172] 赵士洞，张永民 . 生态系统与人类福祉——千年生态系统评估的成就、贡献和展望 [J]. 地球科学进展，2006，21（9）：895−902.

[173] 赵雪雁，林曼曼 . 城市化与西北地区居民生活质量的互动关系分析 [J]. 干旱区资源与环境，2007（2）：1−4.

[174] 郑璟，方伟华，史培军，等 . 快速城市化地区土地利用变化对流域水文过程影响的模拟研究——以深圳市布吉河流域为例 [J]. 自然资源学报，2009，24（9）：1560−1572.

[175] 钟永光，贾晓菁，李旭 . 系统动力学 [M]. 北京：科学出版社，2009.

[176] 周翠宁，任树梅，杨培岭，等 . 城市化对降雨特征影响研究 [J]. 水利水电技术，2007（10）：62−65.

[177] 周海丽，史培军，徐小黎 . 深圳城市化过程与水环境质量变化研究 [J]. 北京师范大学学报（自然科学版），2003，39（2）：273−279.

[178] 杨风 . 城市化进程中水资源管理研究 [J]. 水利发展研究，2013（2）：5.

[179] 朱雷，刘琴，陈威 . 城市化进程中小流域河流综合治理的研究 [J]. 市政技术，2008，26（6）：514−516.

[180] 卓敏，俞亭超，严建明 . 城市用水量与城市化进程的关系探讨 [J]. 中国农村水利水电，2004（8）：31−33.

附录

附录 1 表

附表 1-1 水资源指标体系总体层（A）与标准层（O）判断矩阵及权重

水资源可持续利用	水资源本底压力（O1）	水资源环境压力（O2）	水资源环境治理压力（O3）	Wi
水资源本底压力（O1）	1.000 0	0.333 3	0.333 3	0.142 9
水资源环境压力（O2）	3.000 0	1.000 0	1.000 0	0.428 6
水资源环境治理压力（O3）	3.000 0	1.000 0	1.000 0	0.428 6

注：一致性比例 CR：0.000 0 < 0.10，通过一致性检验；对总目标的权重：1.000 0；λ_{max} = 3.000 0。

附表 1-2 水资源指标体系标准层（O1）与准则层（C1）对比矩阵

水资源本底压力（O1）	人均资源	资源丰度	Wi
人均资源	1.000 0	5.000 0	0.833 3
资源丰度	0.200 0	1.000 0	0.166 7

注：一致性比例 CR：0.000 0 < 0.10，通过一致性检验；对总目标的权重：0.142 9；λ_{max} = 2.000 0。

附表 1-3 水资源指标体系标准层（O2）与准则层（C2）对比矩阵

水资源环境压力（O2）	环境负荷	资源利用	Wi
环境负荷	1.000 0	4.000 0	0.800 0
资源利用	0.250 0	1.000 0	0.200 0

注：一致性比例 CR：0.000 0 < 0.10，通过一致性检验；对总目标的权重：0.428 9；λ_{max} = 2.000 0。

附表 1-4　水资源指标体系标准层（O3）与准则层（C3）对比矩阵

水资源环境治理压力（O3）	环境治理	资源利用效益	Wi
环境治理	1.000 0	0.500 0	0.333 3
资源利用效益	2.000 0	1.000 0	0.666 7

注：一致性比例 CR：0.000 0 < 0.10，通过一致性检验；对总目标的权重：0.428 6；λ_{max} = 2.000 0。

附表 1-5　水资源指标体系准则层（C1）与指标层（P1）对比矩阵

人均资源	人均综合用水量	人均水资源	Wi
人均综合用水量	1.000 0	1.000 0	0.500 0
人均水资源	1.000 0	1.000 0	0.500 0

注：一致性比例 CR：0.000 0 < 0.10，通过一致性检验；对总目标的权重：0.119 0；λ_{max} = 2.000 0。

附表 1-6　水资源指标体系准则层（C1）与指标层（P2）对比矩阵

资源丰度	年降水量	产水模数	Wi
年降水量	1.000 0	0.250 0	0.200 0
产水模数	4.000 0	1.000 0	0.800 0

注：一致性比例 CR：0.000 0 < 0.10，通过一致性检验；对总目标的权重：0.023 8；λ_{max} = 2.000 0。

附表 1-7　水资源指标体系准则层（C2）与指标层（P3）对比矩阵

环境负荷	工业废水排放量	农村生活污水排放量	城镇生活污水排放量	Wi
工业废水排放量	1.000 0	5.000 0	1.000 0	0.454 5
农村生活污水排放量	0.200 0	1.000 0	0.200 0	0.090 9
城镇生活污水排放量	1.000 0	5.000 0	1.000 0	0.454 5

注：一致性比例 CR：0.000 0 < 0.10，通过一致性检验；对总目标的权重：0.342 9；λ_{max} = 3.000 0。

附表 1-8　水资源指标体系准则层（C2）与指标层（P4）对比矩阵

资源利用	全年供水量	农业用水量	水资源可持续利用率	工业用水量	Wi
全年供水量	1.000 0	4.000 0	1.000 0	3.000 0	0.388 3
农业用水量	0.250 0	1.000 0	0.333 3	0.250 0	0.084 4
水资源可持续利用率	1.000 0	3.000 0	1.000 0	2.000 0	0.327 5
工业用水量	0.333 3	4.000 0	0.500 0	1.000 0	0.199 7

注：一致性比例 CR：0.003 6 < 0.10，通过一致性检验；对总目标的权重：0.085 7；λ_{max} = 4.157 0。

附表 1-9　水资源指标体系准则层（C3）与指标层（P5）对比矩阵

环境治理	城镇污水处理率	工业污染治理投资	工业废水排放达标率	Wi
城镇污水处理率	1.000 0	6.000 0	1.000 0	0.472 0
工业污染治理投资	0.166 7	1.000 0	0.200 0	0.083 7
工业废水排放达标率	1.000 0	5.000 0	1.000 0	0.444 3

注：一致性比例 CR：0.003 6＜0.10，通过一致性检验；对总目标的权重：0.142 9；λ_{max}= 3.003 7。

附表 1-10　水资源指标体系准则层（C3）与指标层（P6）对比矩阵

资源利用效益	万元 GDP 用水	万元工业增加值用水	农田灌溉亩均用水	Wi
万元 GDP 用水	1.000 0	0.333 3	5.000 0	0.292 3
万元工业增加值用水	3.000 0	1.000 0	6.000 0	0.627 0
农田灌溉亩均用水	0.200 0	0.166 7	1.000 0	0.080 7

注：一致性比例 CR：0.091 5＜0.10，通过一致性检验；对总目标的权重：0.285 7；λ_{max}= 3.059 2。

附表 1-11　城市化指标体系总体层（A）与标准层（O）判断矩阵及权重

城市化综合发展	人口城市化（O1）	经济城市化（O2）	社会城市化（O3）	空间城市化（O4）	Wi
人口城市化（O1）	1.000 0	0.250 0	0.200 0	2.000 0	0.104 4
经济城市化（O2）	4.000 0	1.000 0	0.500 0	5.000 0	0.324 0
社会城市化（O3）	5.000 0	2.000 0	1.000 0	6.000 0	0.505 0
空间城市化（O4）	0.500 0	0.200 0	0.166 7	1.000 0	0.066 6

注：一致性比例 CR：0.022 8＜0.10，通过一致性检验；对总目标的权重：1.000 0；λ_{max}= 4.060 9。

附表 1-12　城市化指标体系标准层（O1）与准则层（C1）对比矩阵

人口城市化（O1）	人均规模	人口结构	人口变动	Wi
人均规模	1.000 0	0.333 3	0.500 0	0.159 3
人口结构	3.000 0	1.000 0	3.000 0	0.588 9
人口变动	2.000 0	0.333 3	1.000 0	0.251 9

注：一致性比例 CR：0.051 8＜0.10，通过一致性检验；对总目标的权重：0.104 4；λ_{max}=3.053 9。

附表 1-13　城市化指标体系标准层（O2）与准则层（C2）对比矩阵

经济城市化（O2）	经济规模	经济结构	经济增长	经济效益	Wi
经济规模	1.000 0	0.333 3	0.333 3	0.200 0	0.076 3
经济结构	3.000 0	1.000 0	2.000 0	0.250 0	0.219 4
经济增长	3.000 0	0.500 0	1.000 0	0.333 3	0.170 1
经济效益	5.000 0	4.000 0	3.000 0	1.000 0	0.534 2

注：一致性比例 CR：0.061 3 < 0.10，通过一致性检验；对总目标的权重：0.324 0；λ_{max} = 4.163 5。

附表 1-14　城市化指标体系标准层（O3）与准则层（C3）对比矩阵

社会城市化（O3）	生活质量	基础设施	科技文化	Wi
生活质量	1.000 0	2.000 0	3.000 0	0.539 0
基础设施	0.500 0	1.000 0	2.000 0	0.297 3
科技文化	0.333 3	0.500 0	1.000 0	0.163 8

注：一致性比例 CR：0.008 9 < 0.10，通过一致性检验；对总目标的权重：0.505 0；λ_{max} = 3.009 2。

附表 1-15　城市化指标体系标准层（O4）与准则层（C4）对比矩阵

空间城市化（O4）	空间规模	空间密度	Wi
空间规模	1.000 0	0.250 0	0.200 0
空间密度	4.000 0	1.000 0	0.800 0

注：一致性比例 CR：0.000 0 < 0.10，通过一致性检验；对总目标的权重：0.066 6；λ_{max} = 2.000 0。

附表 1-16　城市化指标体系准则层（C1）与指标层（P1）对比矩阵

人口规模	非农人口	年末总人口	Wi
非农人口	1.000 0	5.000 0	0.833 3
年末总人口	0.200 0	1.000 0	0.166 7

注：一致性比例 CR：0.000 0 < 0.10，通过一致性检验；对总目标的权重：0.016 6；λ_{max} = 2.000 0。

附表 1-17　城市化指标体系准则层（C1）与指标层（P2）对比矩阵

人口结构	非农人口比重	第三产业从业人口比重	Wi
非农人口比重	1.000 0	0.333 3	0.250 0
第三产业从业人口比重	3.000 0	1.000 0	0.750 0

注：一致性比例 CR：0.000 0 < 0.10，通过一致性检验；对总目标的权重：0.061 5；λ_{max} = 2.000 0。

附表 1-18　城市化指标体系准则层（C1）与指标层（P3）对比矩阵

人口变动	人口增长率	非农人口比重增长率	Wi
人口增长率	1.000 0	0.333 3	0.250 0
非农人口比重增长率	3.000 0	1.000 0	0.750 0

注：一致性比例 CR：0.000 0＜0.10，通过一致性检验；对总目标的权重：0.026 3；λ_{max}= 2.000 0。

附表 1-19　城市化指标体系准则层（C2）与指标层（P4）对比矩阵

经济规模	GDP	工业产值	第三产业产值	Wi
GDP	1.000 0	0.500 0	0.333 3	0.169 8
工业产值	2.000 0	1.000 0	1.000 0	0.387 3
第三产业产值	3.000 0	1.000 0	1.000 0	0.442 9

注：一致性比例 CR：0.017 6＜0.10，通过一致性检验；对总目标的权重：0.024 7；λ_{max}= 3.018 3。

附表 1-20　城市化指标体系准则层（C2）与指标层（P5）对比矩阵

经济结构	工业产值占 GDP 的比重	第三产业产值占 GDP 的比重	Wi
工业产值占 GDP 的比重	1.000 0	0.333 3	0.250 0
第三产业产值占 GDP 的比重	3.000 0	1.000 0	0.750 0

注：一致性比例 CR：0.000 0＜0.10，通过一致性检验；对总目标的权重：0.071 1；λ_{max}= 2.000 0。

附表 1-21　城市化指标体系准则层（C2）与指标层（P6）对比矩阵

经济增长	GDP 增长率	工业产值增长率	第三产业产值增长率	Wi
GDP 增长率	1.000 0	2.000 0	0.500 0	0.311 9
工业产值增长率	0.500 0	1.000 0	0.500 0	0.197 6
第三产业产值增长率	2.000 0	2.000 0	1.000 0	0.490 5

注：一致性比例 CR：0.051 7＜0.10，通过一致性检验；对总目标的权重：0.055 1；λ_{max}= 3.053 7。

附表 1-22　城市化指标体系准则层（C2）与指标层（P7）对比矩阵

经济效益	人均 GDP	人均工业产值	人均第三产业产值	Wi
人均 GDP	1.000 0	3.000 0	3.000 0	0.588 9
人均工业产值	0.333 3	1.000 0	0.500 0	0.159 3
人均第三产业产值	0.333 3	2.000 0	1.000 0	0.251 9

注：一致性比例 CR：0.051 8＜0.10，通过一致性检验；对总目标的权重：0.173 1；λ_{max}= 3.053 9。

附表 1-23　城市化指标体系准则层（C3）与指标层（P8）对比矩阵

生活质量	城镇居民可支配收入	城镇居民可消费支出	Wi
城镇居民可支配收入	1.000 0	3.000 0	0.750 0
城镇居民可消费支出	0.333 3	1.000 0	0.250 0

注：一致性比例 CR：0.000 0＜0.10，通过一致性检验；对总目标的权重：0.272 2；λ_{max}= 2.000 0。

附表 1-24　城市化指标体系准则层（C3）与指标层（P9）对比矩阵

基础设施	人均城市道路面积	万人拥有医生数	万人拥有公交车辆数	城市用水普及率	Wi
人均城市道路面积	1.000 0	3.000 0	0.250 0	0.500 0	0.161 3
万人拥有医生数	0.333 3	1.000 0	0.200 0	0.333 3	0.079 6
万人拥有公交车辆数	4.000 0	5.000 0	1.000 0	2.000 0	0.499 2
城市用水普及率	2.000 0	3.000 0	0.500 0	1.000 0	0.260 0

注：一致性比例 CR：0.030 8＜0.10，通过一致性检验；对总目标的权重：0.150 1；λ_{max} = 4.082 3。

附表 1-25　城市化指标体系准则层（C3）与指标层（P10）对比矩阵

科技文化	科教经费投入比例	万人拥有大学生数	每百人公共图书馆藏书	Wi
科教经费投入比例	1.000 0	2.000 0	5.000 0	0.567 9
万人拥有大学生数	0.500 0	1.000 0	4.000 0	0.333 9
每百人公共图书馆藏书	0.200 0	0.250 0	1.000 0	0.098 2

注：一致性比例 CR：0.023 7＜0.10，通过一致性检验；对总目标的权重：0.082 7；λ_{max} = 3.024 7。

附表 1-26　城市化指标体系准则层（C4）与指标层（P11）对比矩阵

空间规模	建成区面积	城市建设用地面积	Wi
建成区面积	1.000 0	3.000 0	0.750 0
城市建设用地面积	0.333 3	1.000 0	0.250 0

注：一致性比例 CR：0.000 0＜0.10，通过一致性检验；对总目标的权重：0.013 3；λ_{max}= 2.000 0。

附表 1-27　城市化指标体系准则层（C4）与指标层（P12）对比矩阵

空间密度	城市建设用地占市区面积比重	市辖区人口密度	Wi
城市建设用地占市区面积比重	1.000 0	2.000 0	0.666 7
市辖区人口密度	0.500 0	1.000 0	0.333 3

注：一致性比例 CR：0.000 0＜0.10，通过一致性检验；对总目标的权重：0.053 3；λ_{max}= 2.000 0。

附表 1-28 福州市水资源约束下城市化预测情景指标参数设定情况

情景名称	时间（年）	人口		经济			环境—技术					
		人口增长率（%）	城镇人口比重增长率（%）	第一产业增长率（%）	第二产业增长率（%）	第三产业增长率（%）	城镇生活用水定额减少量（m^3/人）	农村生活用水定额减少量（m^3/人）	万元工业增加值用水减少量（m^3/万元）	万元第三产业增加值用水减少量（m^3/万元）	灌溉定额减少量（m^3/亩）	有效灌溉系数增加量（无量纲）
全球协同	2010—2015	0.66	1.7	2.5	13	14.5	2.6	1.6	10.5	1	14	0.006
	2015—2020	0.66	1.7	0.6	12	13.5	1.8	0.8	5.5	0.4	13	0.008
	2020—2030	0.66	1.5	0.6	11	12.5	0.5	0.3	3	0.15	13	0.016
实力秩序	2010—2015	0.78	1.1	0.5	10.5	12	1.8	1.2	8.5	0.8	10	0.004
	2015—2020	0.78	1.1	0.2	9	10.5	1.4	0.4	4.5	0.2	9	0.004
	2020—2030	0.74	1.1	0.2	8	9.5	0.3	0.1	2	0.05	9	0.008
适应组合	2010—2015	0.74	1.3	0.5	10.5	12	2.2	1.4	9.5	0.9	12	0.005
	2015—2020	0.74	1.3	0.2	9	10.5	1.6	0.6	5	0.3	11	0.006
	2020—2030	0.7	1.3	0.6	11	12.5	0.4	0.2	2.5	0.1	11	0.012
技术家园	2010—2015	0.7	1.5	1.5	12	13.5	3	1.8	11.5	1.1	16	0.007
	2015—2020	0.7	1.5	0.5	11	12.5	2	1	6	0.5	15	0.01
	2020—2030	0.68	1.3	0.5	10	11.5	0.6	0.4	3.5	0.2	15	0.02

附表 1–29　厦门市水资源约束下城市化预测情景指标参数设定情况

情景名称	时间（年）	人口		经济			环境—技术					
		人口增长率（%）	城镇人口比重增长率（%）	第一产业增长率（%）	第二产业增长率（%）	第三产业增长率（%）	城镇生活用水定额减少量（m^3/人）	农村生活用水定额减少量（m^3/人）	万元工业增加值用水减少量（m^3/万元）	万元第三产业增加值用水减少量（m^3/万元）	灌溉定额减少量（m^3/亩）	有效灌溉系数增加量（无量纲）
全球协同	2010—2015	0.66	1.2	3.5	15.5	17.5	2.6	1.4	2	1	15	0.006
	2015—2020	0.66	0.7	0.4	10	13	1.8	0.8	0.4	0.4	13	0.008
	2020—2030	0.66	0.4	0.3	7	11	0.5	0.3	0.2	0.15	13	0.016
实力秩序	2010—2015	0.78	0.6	1	12.5	14.5	1.8	1	1	0.8	11	0.004
	2015—2020	0.78	0.3	0.1	7	10	1.4	0.4	0.2	0.2	9	0.004
	2020—2030	0.74	0.1	0.1	4	8	0.3	0.1	0	0.05	9	0.008
适应组合	2010—2015	0.74	0.8	1	12.5	14.5	2.2	1.2	1.5	0.9	13	0.005
	2015—2020	0.74	0.4	0.1	7	10	1.6	0.6	0.3	0.3	11	0.006
	2020—2030	0.7	0.2	0.3	7	11	0.4	0.2	0.1	0.1	11	0.012
技术家园	2010—2015	0.7	1	2.5	14.5	16.5	3	1.6	2.5	1.1	17	0.007
	2015—2020	0.7	0.6	0.3	9	12	2	1	0.5	0.5	15	0.01
	2020—2030	0.68	0.3	0.2	6	10	0.6	0.4	0.3	0.2	15	0.02

附表 1–30　莆田市水资源约束下城市化预测情景指标参数设定情况

情景名称	时间（年）	人口		经济			环境一技术					
		人口增长率（%）	城镇人口比重增长率（%）	第一产业增长率（%）	第二产业增长率（%）	第三产业增长率（%）	城镇生活用水定额减少量（m^3/人）	农村生活用水定额减少量（m^3/人）	万元工业增加值用水减少量（m^3/万元）	万元第三产业增加值用水减少量（m^3/万元）	灌溉定额减少量（m^3/亩）	有效灌溉系数增加量（无量纲）
全球协同	2010—2015	0.76	2.2	10.5	18.5	22	2.6	1.3	3	2	16	0.006
	2015—2020	0.76	2.2	7	12	14	1.8	0.8	1.5	1	16	0.008
	2020—2030	0.76	2	4	10.5	14.5	0.5	0.3	1.2	1	16	0.016
实力秩序	2010—2015	0.88	1.6	7.5	15.5	19	1.8	0.9	2	1.6	12	0.004
	2015—2020	0.88	1.6	4	9	11	1.4	0.4	0.5	0.6	12	0.004
	2020—2030	0.84	1.4	1.5	7.5	11.5	0.3	0.1	0.3	0.5	12	0.008
适应组合	2010—2015	0.84	1.8	7.5	15.5	19	2.2	1.1	2.5	1.8	14	0.005
	2015—2020	0.84	1.8	4	9	11	1.6	0.6	1	0.8	14	0.006
	2020—2030	0.8	1.6	4	10.5	14.5	0.4	0.2	0.8	0.8	14	0.012
技术家园	2010—2015	0.8	2	9.5	17.5	21	3	1.5	3.5	2.2	18	0.007
	2015—2020	0.8	2	6	11	13	2	1	2	1.2	18	0.01
	2020—2030	0.78	1.8	3	9.5	13.5	0.6	0.4	1.6	1.2	18	0.02

附表 1–31　三明市水资源约束下城市化预测情景指标参数设定情况

情景名称	时间（年）	人口		经济			环境—技术					
		人口增长率（%）	城镇人口比重增长率（%）	第一产业增长率（%）	第二产业增长率（%）	第三产业增长率（%）	城镇生活用水定额减少量（m^3/人）	农村生活用水定额减少量（m^3/人）	万元工业增加值用水减少量（m^3/万元）	万元第三产业增加值用水减少量（m^3/万元）	灌溉定额减少量（m^3/亩）	有效灌溉系数增加量（无量纲）
全球协同	2010—2015	0.66	2	3	17.5	20	1.8	1.4	28	2.5	13	0.006
	2015—2020	0.66	2	3	11	16	1.4	0.8	9	0.5	16	0.008
	2020—2030	0.66	1.8	3	8	15	0.5	0.15	3.5	0.25	13	0.016
实力秩序	2010—2015	0.78	1.4	0.5	14.5	17	1.4	1	24	1.5	9	0.004
	2015—2020	0.78	1.4	0.5	8	13	1	0.4	7	0.3	12	0.004
	2020—2030	0.74	1.2	0.5	5	11.5	0.3	0.05	2.5	0.15	9	0.008
适应组合	2010—2015	0.74	1.6	0.5	14.5	17	1.6	1.2	26	2	11	0.005
	2015—2020	0.74	1.6	0.5	8	13	1.2	0.6	8	0.4	14	0.006
	2020—2030	0.7	1.4	3	8	15	0.4	0.1	3	0.2	11	0.012
技术家园	2010—2015	0.7	1.8	2	16.5	19	2	1.6	30	3	15	0.007
	2015—2020	0.7	1.8	2	10	15	1.6	1	10	0.6	18	0.01
	2020—2030	0.68	1.6	2	7	14	0.6	0.2	4	0.3	15	0.02

附表 1–32　泉州市水资源约束下城市化预测情景指标参数设定情况

情景名称	时间（年）	人口		经济			环境—技术					
		人口增长率（%）	城镇人口比重增长率（%）	第一产业增长率（%）	第二产业增长率（%）	第三产业增长率（%）	城镇生活用水定额减少量（m^3/人）	农村生活用水定额减少量（m^3/人）	万元工业增加值用水减少量（m^3/万元）	万元第三产业增加值用水减少量（m^3/万元）	灌溉定额减少量（m^3/亩）	有效灌溉系数增加量（无量纲）
全球协同	2010—2015	0.7	1.7	5	13	17	2.6	1.6	7	1	14	0.006
	2015—2020	0.7	1.7	4	11	15	1.8	0.8	2.5	0.4	13	0.008
	2020—2030	0.7	1.5	4	9	13	0.5	0.3	1.6	0.3	13	0.016
实力秩序	2010—2015	0.82	1.1	2	10	14	1.8	1.2	5	0.8	10	0.004
	2015—2020	0.82	1.1	1.5	8	12	1.4	0.4	1.5	0.2	9	0.004
	2020—2030	0.78	1.1	1.5	6.5	10.5	0.3	0.1	0.8	0.1	9	0.008
适应组合	2010—2015	0.78	1.3	2	10	14	2.2	1.4	6	0.9	12	0.005
	2015—2020	0.78	1.3	1.5	8	12	1.6	0.6	2	0.3	11	0.006
	2020—2030	0.74	1.3	4	9	13	0.4	0.2	1.2	0.2	11	0.012
技术家园	2010—2015	0.74	1.5	4	12	16	3	1.8	8	1.1	16	0.007
	2015—2020	0.74	1.5	3	10	14	2	1	3	0.5	15	0.01
	2020—2030	0.72	1.3	3	8	12	0.6	0.4	2	0.4	15	0.02

附表 1–33　漳州市水资源约束下城市化预测情景指标参数设定情况

情景名称	时间（年）	人口		经济			环境—技术					
		人口增长率（%）	城镇人口比重增长率（%）	第一产业增长率（%）	第二产业增长率（%）	第三产业增长率（%）	城镇生活用水定额减少量（m^3/人）	农村生活用水定额减少量（m^3/人）	万元工业增加值用水减少量（m^3/万元）	万元第三产业增加值用水减少量（m^3/万元）	灌溉定额减少量（m^3/亩）	有效灌溉系数增加量（无量纲）
全球协同	2010—2015	0.71	2.2	6	23	16	2.6	1.6	10.5	0.9	14	0.006
	2015—2020	0.71	2.2	4	14	17	1.8	0.8	3	0.5	13	0.008
	2020—2030	0.71	2.2	4	11	14	0.5	0.3	1.5	0.4	13	0.016
实力秩序	2010—2015	0.83	1.6	3	20	13	1.8	1.2	8.5	0.7	10	0.004
	2015—2020	0.83	1.6	1.5	11	14	1.4	0.4	2	0.3	9	0.004
	2020—2030	0.79	1.6	1.5	8	11	0.3	0.1	0.5	0.2	9	0.008
适应组合	2010—2015	0.79	1.8	3	20	13	2.2	1.4	9.5	0.8	12	0.005
	2015—2020	0.79	1.8	1.5	11	14	1.6	0.6	2.5	0.4	11	0.006
	2020—2030	0.75	1.8	4	11	14	0.4	0.2	1	0.3	11	0.012
技术家园	2010—2015	0.75	2	5	22	15	3	1.8	11.5	1	16	0.007
	2015—2020	0.75	2	3	13	16	2	1	3.5	0.6	15	0.01
	2020—2030	0.72	2	3	10	13	0.6	0.4	2	0.5	15	0.02

附表 1–34　南平市水资源约束下城市化预测情景指标参数设定情况

情景名称	时间（年）	人口		经济			环境—技术					
		人口增长率（%）	城镇人口比重增长率（%）	第一产业增长率（%）	第二产业增长率（%）	第三产业增长率（%）	城镇生活用水定额减少量（m^3/人）	农村生活用水定额减少量（m^3/人）	万元工业增加值用水减少量（m^3/万元）	万元第三产业增加值用水减少量（m^3/万元）	灌溉定额减少量（m^3/亩）	有效灌溉系数增加量（无量纲）
全球协同	2010—2015	0.76	2.2	6	18.5	16	1.8	1.3	31	2.5	16	0.006
	2015—2020	0.76	2.2	4	15	16	1.4	0.8	14	1	16	0.008
	2020—2030	0.76	2	3	12	15	0.5	0.3	3	0.15	16	0.016
实力秩序	2010—2015	0.88	1.6	3	15.5	13	1.4	0.9	27	1.5	12	0.004
	2015—2020	0.88	1.6	1.5	12	13	1	0.4	12	0.6	12	0.004
	2020—2030	0.84	1.4	0.1	10	13	0.3	0.1	2	0.05	12	0.008
适应组合	2010—2015	0.84	1.8	3	15.5	13	1.6	1.1	29	2	14	0.005
	2015—2020	0.84	1.8	1.5	12	13	1.2	0.6	13	0.8	14	0.006
	2020—2030	0.8	1.6	3	12	15	0.4	0.2	2.5	0.1	14	0.012
技术家园	2010—2015	0.8	2	5	17.5	15	2	1.5	33	3	18	0.007
	2015—2020	0.8	2	3	14	15	1.6	1	15	1.2	18	0.01
	2020—2030	0.78	1.8	2	11	14	0.6	0.4	3.5	0.2	18	0.02

附表 1–35 龙岩市水资源约束下城市化预测情景指标参数设定情况

情景名称	时间（年）	人口		经济			环境—技术					
		人口增长率（%）	城镇人口比重增长率（%）	第一产业增长率（%）	第二产业增长率（%）	第三产业增长率（%）	城镇生活用水定额减少量（m³/人）	农村生活用水定额减少量（m³/人）	万元工业增加值用水减少量（m³/万元）	万元第三产业增加值用水减少量（m³/万元）	灌溉定额减少量（m³/亩）	有效灌溉系数增加量（无量纲）
全球协同	2010—2015	0.71	2.2	9	18	18	1.8	1.3	28	3	13	0.006
	2015—2020	0.71	2.2	4	10	14	1.4	1.1	9	0.9	16	0.008
	2020—2030	0.71	2.2	4	10	14	0.5	0.3	3	0.15	13	0.016
实力秩序	2010—2015	0.83	1.6	6	15	15	1.4	0.9	24	2	9	0.004
	2015—2020	0.83	1.6	1	7	11	1	0.7	7	0.7	12	0.004
	2020—2030	0.79	1.6	1	7	11	0.3	0.1	2	0.05	9	0.008
适应组合	2010—2015	0.79	1.8	6	15	15	1.6	1.1	26	2.5	11	0.005
	2015—2020	0.79	1.8	1	7	11	1.2	0.9	8	0.8	14	0.006
	2020—2030	0.75	1.8	4	10	14	0.4	0.2	2.5	0.1	11	0.012
技术家园	2010—2015	0.75	2	8	17	17	2	1.5	30	3.5	15	0.007
	2015—2020	0.75	2	3	9	13	1.6	1.3	10	1	18	0.01
	2020—2030	0.72	2	3	9	13	0.6	0.4	3.5	0.2	15	0.02

附表 1-36　宁德市水资源约束下城市化预测情景指标参数设定情况

情景名称	时间（年）	人口		经济			环境—技术					
		人口增长率（%）	城镇人口比重增长率（%）	第一产业增长率（%）	第二产业增长率（%）	第三产业增长率（%）	城镇生活用水定额减少量（m^3/人）	农村生活用水定额减少量（m^3/人）	万元工业增加值用水减少量（m^3/万元）	万元第三产业增加值用水减少量（m^3/万元）	灌溉定额减少量（m^3/亩）	有效灌溉系数增加量（无量纲）
全球协同	2010—2015	0.76	2.2	4	21	17	1.8	1.3	21	2	15	0.006
	2015—2020	0.76	2.2	4	16.5	16.5	1.4	0.8	5	1	13	0.008
	2020—2030	0.76	2	3	11.5	15.5	0.5	0.3	2.5	0.25	13	0.016
实力秩序	2010—2015	0.88	1.6	1.5	18	14	1.4	0.9	17	1.6	11	0.004
	2015—2020	0.88	1.6	1.5	13.5	13.5	1	0.4	3	0.6	9	0.004
	2020—2030	0.84	1.4	0.5	8.5	12.5	0.3	0.1	1.5	0.15	9	0.008
适应组合	2010—2015	0.84	1.8	1.5	18	14	1.6	1.1	19	1.8	13	0.005
	2015—2020	0.84	1.8	1.5	13.5	13.5	1.2	0.6	4	0.8	11	0.006
	2020—2030	0.8	1.6	3	11.5	15.5	0.4	0.2	2	0.2	11	0.012
技术家园	2010—2015	0.8	2	3	20	16	2	1.5	23	2.2	17	0.007
	2015—2020	0.8	2	3	15.5	15.5	1.6	1	6	1.2	15	0.01
	2020—2030	0.78	1.8	2	10.5	14.5	0.6	0.4	3	0.3	15	0.02

附录 2 调查问卷

城市化发展与水资源可持续利用耦合指标体系问卷调查

敬启者：

您好！

根据诺瑟姆理论，城市化发展遵循“S”形曲线上升规律，水资源可持续利用也遵循逻辑增长趋势，二者之间存在着较强的必然联系，具有复杂的耦合作用，客观上存在着各种非线性关系，采用单一指标无法真实反映两者之间的内在机制和规律。本人借鉴有关学者对于城市化发展与水资源可持续利用潜力的研究成果，遵循科学性、可获得性、区域性、动态性等原则，罗列与之有关的耦合指标，并考虑到指标之间的信息重叠问题，采用主成分分析对一般的评价指标体系进行“筛选”，力求将信息涵盖面较广、指标间相关信息重叠较小的代表性指标选进指标体系。

根据“驱动力（driving force）—压力（pressure）—状态（state）—响应（responses）”（DPSR）模型以及水资源与城市化系统的特征，建立了层层递进的城市化与水资源耦合的 DPSR 反馈指标体系，从水资源和城市化双向角度平行考虑各因素之间的关系。将驱动力（P）分为城市化发展和水资源可持续利用需求。压力包括人口城市化、经济城市化、社会城市化等带来的城市化系统压力，也可以说是城市化在人口、经济、社会、空间等方面的表现。压力还包括水资源面临城市化快速发展和水资源可持续开发利用所产生的本底压力、环境压力、水资源环境治理压力等水资源系统的压力。相应于城市化压力的是以下 12 个状态：人口规模、人口结构、人口变动、经济规模、经济结构、经济增长、经济效益、生活质量、基础设施、科技文化、空间规模和空间密度；相应于水资源环境压力的是以下 6 个状态：人均资源、资源丰度、环境负荷、资源利用、环境治理、资源利用效益；相应于以上 18 个状态的 65 个响应指标列于附表 2-1。为了考察这些指标对城市化与水资源系统耦合作用实践的有效性，特做以下问卷调查。请您从您的经验与知识出发，从下述 65 个评估指标中选出 47 个对评估城市化发展与水资源可持续利用耦合作用最为有用的指标，并在最后一列对应栏目内打“√”（每个状态淘汰一个）。

本调查是学术研究的一部分，您的意见仅做综合分析之用，不单独对外发表。

感谢您的大力支持！

厦门市大学 / 厦门市理工学院王吉苹

2018-12-21

Email：wjprose@xmu.edu.cn；wangjp@xmut.edu.cn

附表 2-1 城市化发展与水资源可持续利用耦合指标体系

驱动力	压力	状态	响应（65个评估指标）	选择（√）
城市化发展	人口城市化	人口规模	01 年末总人口	
			02 非农人口	
			03 城镇从业人员数	
		人口结构	04 非农人口比重	
			05 第三产业从业人口比重	
			06 城镇从业人口比重	
		人口变动	07 人口增长率	
			08 非农人口比重增长率	
			09 第三产业从业人口比重增长率	
	经济城市化	经济规模	10 GDP	
			11 工业产值	
			12 非农总产值	
			13 第三产业产值	
		经济结构	14 工业产值占 GDP 的比重	
			15 第三产业产值占 GDP 的比重	
			16 非农总产值占 GDP 的比重	
		经济增长	17 GDP 增长率	
			18 工业产值增长率	
			19 第三产业产值增长率	
			20 非农总产值增长率	
		经济效益	21 人均 GDP	
			22 人均工业产值	
			23 人均第三产业产值	
			24 人均非农总产值	
	社会城市化	生活质量	25 职工平均工资	
			26 城镇居民可支配收入	
			27 城镇居民可消费支出	
		基础设施	28 城市用水普及率	
			29 人均城市道路面积	
			30 万人拥有医生数	
			31 万人拥有公交车辆数	
			32 燃气普及率	
		科技文化	33 万人拥有大学生数	
			34 科教经费投入比例	
			35 专任教师数	
			36 每百人公共图书馆藏书量	
	空间城市化	空间规模	37 建成区面积	
			38 市辖区土地面积	
			39 城市建设用地面积	
		空间密度	40 城市建设用地占市区面积比重	
			41 城市道路面积占市区面积比重	
			42 市辖区人口密度	

续表

驱动力	压力	状态	响应（65 个评估指标）	选择（√）
水资源可持续利用	水资源本底压力	人均资源	43 人均水资源量	
			44 人均综合用水量	
			45 城镇人均生活用水量	
		资源丰度	46 年降水量	
			47 产水模数	
			48 水资源总量	
	水资源环境压力	环境负荷	49 工业废水排放量	
			50 城镇生活污水排放量	
			51 农村生活污水排放量	
			52 工业废水排放达标量	
		资源利用	53 全年供水量	
			54 农业用水量	
			55 工业用水量	
			56 第三产业用水量	
			57 水资源开发利用率	
	水资源环境治理压力	环境治理	58 工业废水排放达标率	
			59 城镇污水处理率	
			60 工业污染治理投资	
			61 环境污染治理投资总额	
		资源利用效益	62 万元 GDP 用水	
			63 万元工业增加值用水	
			64 万元第三产业增加值用水	
			65 农田灌溉亩均用水	

城镇化综合发展指数调查问卷

敬启者：

您好！

本人综合文献调研和调查问卷，提出了以下可用于评估城镇化综合发展指数的指标，目的是研究健康城镇化的可持续发展，最终目标是研究城镇化系统与水资源系统的耦合关系。

鉴于此，借鉴有关学者对于城镇化的研究成果，遵循科学性、可获得性、区域性、动态性等原则，罗列与之有关城镇化综合发展指标，并考虑到指标之间的信息重叠问题，采用主成分分析对一般的评价指标体系进行"筛选"，力求将信息涵盖面较广，指标间相关系数和信息重叠较小的综合指标选进指标体系。最后，通过理论分析法和专家咨询法得到相应的指标体系。

城市化系统是一个复杂的人口、社会、经济系统，具有多维含义，主要包括人口增长、经济发展、社会进步及空间扩张互相联系、互相促进的四个方面。其中，经济发展是基础，人口增长和地域扩张是表现，社会进步是最终结果或目标。因此，城镇化综合发展包括了人口城市化、经济城市化、社会城市化与空间城市化。其中，人口城市化包括人口规模、人口结构和人口变动；经济城市化包括经济规模、经济结构、经济增长和经济效益；社会城市化包括生活质量、基础设施和科技文化；空间城市化包括空间规模和空间密度。

因此，确定了人口城市化、经济城市化、社会城市化和空间城市化四个方面（标准层），将城镇化综合发展予以内涵扩充和特征综合，从人口结构、经济效益、生活质量、空间规模等 12 个状态构成准则层，相应于准则层的详细指标构成最终的指标层（附图 2–1）。为了考察这些指标对城镇化综合发展的影响和贡献，根据层次分析法，特做以下问卷调查。

本调查是学术研究的一部分，您的意见仅做综合分析之用，不单独对外发表。

感谢您的大力支持！

厦门市大学 / 厦门市理工学院王吉苹

2018–11–10

Email：wjprose@xmu.edu.cn；wangjp@xmut.edu.cn

一、问题描述

此调查问卷以城镇化综合发展指数为调查目标，对其多种影响因素使用层次分析法进行分析。层次模型如附图 2-1 所示。

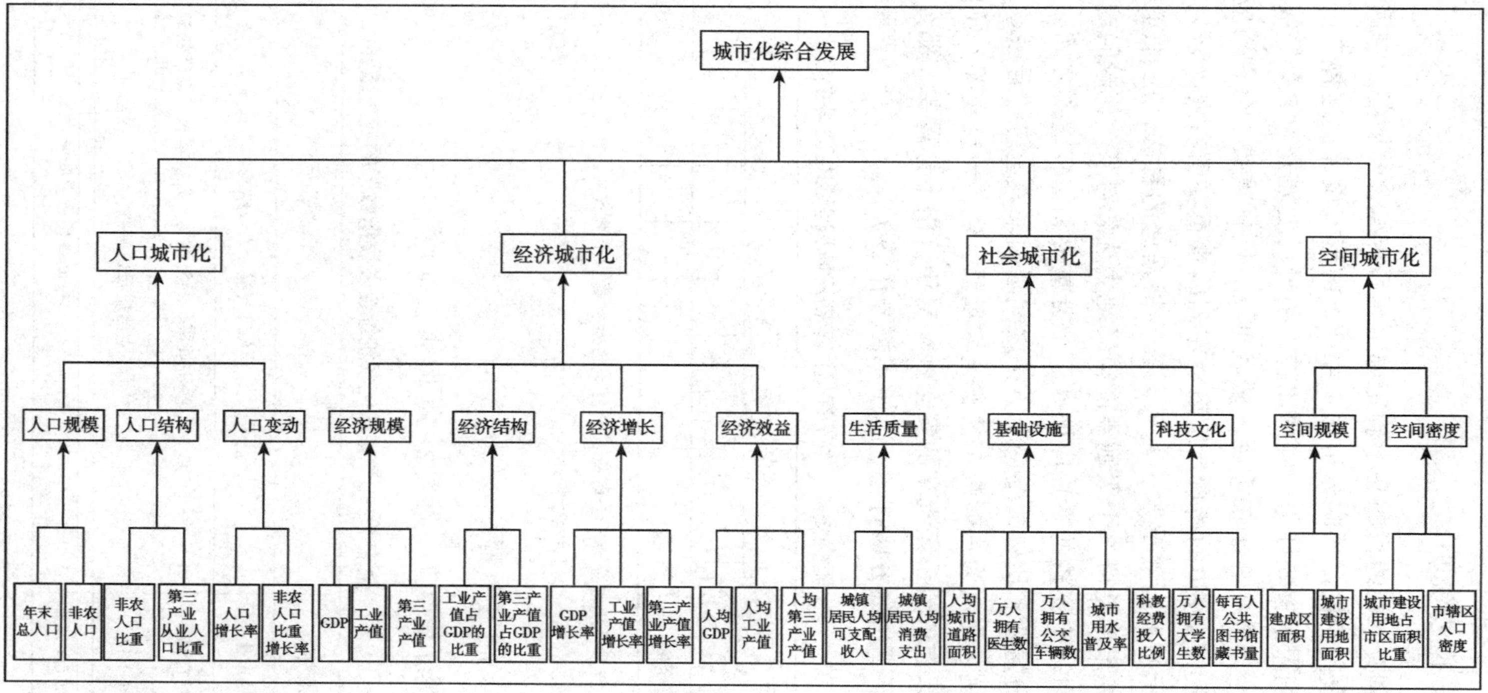

附图 2-1　城市化综合发展层次指标体系

二、问卷说明

此调查问卷的目的在于确定城镇化系统综合发展各影响因素之间相对权重。调查问卷根据层次分析法（AHP）的形式设计。这种方法是在同一个层次对影响因素重要性进行两两比较。衡量尺度划分为5个等级，分别是绝对重要、十分重要、比较重要、稍微重要、同样重要，分别对应9，7，5，3，1的数值。靠左边的衡量尺度表示左列因素重要于右列因素，靠右边的衡量尺度表示右列因素重要于左列因素。根据您的看法，在对应方格中打“√”即可。如果您觉得5个级别不能精确地表达您对某个比较问题的看法，如您认为您对一个比较的看法应该介于十分重要和比较重要之间，那么您可以通过在十分重要和比较重要两个方格之间画圈来表达您的看法。

示例：您认为一辆汽车的安全性重要，还是价格重要？（附表2-2）

如果您认为一辆汽车的安全性相对于价格十分重要，那么请在左侧（十分重要）下边的方格打“√”。（不需要作答）

附表2-2　对于评价汽车各影响因素的相对重要程度

A	评价尺度									B
	9	7	5	3	1	3	5	7	9	
安全性										价格

注：衡量尺度划分为5个等级，分别是绝对重要、十分重要、比较重要、稍微重要、同样重要，分别对应9，7，5，3，1的数值。

三、问卷内容

● 第2层要素（附表2-3、附表2-4）

附表2-3　“城镇化系统综合发展指数”的相对重要性

影响因素	说明
人口城市化	人口规模、人口结构、人口变动
经济城市化	经济规模、经济结构、经济增长、经济效益
社会城市化	生活质量、基础设施、科技文化
空间城市化	空间规模、空间密度

附表 2-4 “城镇化系统综合发展指数”的相对重要性

A	评价尺度									B
	9	7	5	3	1	3	5	7	9	
人口城市化										经济城市化
人口城市化										社会城市化
人口城市化										空间城市化
经济城市化										社会城市化
经济城市化										空间城市化
社会城市化										空间城市化

- 第 3 层要素（附表 2-5 ～附表 2-12）

附表 2-5 “人口城市化”的相对重要性

影响因素	说明
人口规模	非农人口、年末总人口
人口结构	非农人口比重、第三产业从业人口比重
人口变动	人口增长率、非农人口比重增长率

附表 2-6 各组比较要素对于“人口城市化”的相对重要性

A	评价尺度									B
	9	7	5	3	1	3	5	7	9	
人口规模										人口结构
人口规模										人口变动
人口结构										人口变动

附表 2-7 “经济城市化”的相对重要性

影响因素	说明
经济规模	GDP、工业产值、第三产业产值
经济结构	工业产值占 GDP 的比重、第三产业占 GDP 的比重
经济增长	GDP 增长率、工业产值增长率、第三产业产值增长率
经济效益	人均 GDP、人均工业产值、人均第三产业产值

附表 2-8 各组比较要素对于“经济城市化”的相对重要性

A	评价尺度									B
	9	7	5	3	1	3	5	7	9	
经济规模										经济结构
经济规模										经济增长
经济规模										经济效益
经济结构										经济增长
经济结构										经济效益
经济增长										经济效益

附表 2-9 “社会城市化”的相对重要性

影响因素	说明
生活质量	城镇居民可支配收入、城镇居民可消费支出
基础设施	人均城市道路面积、万人拥有医生数、万人拥有公交车辆数、城市用水普及率
科技文化	科教经费投入比例、万人拥有大学生数、每百人公共图书馆藏书量

附表 2-10 各组比较要素对于“社会城市化”的相对重要性

A	评价尺度									B
	9	7	5	3	1	3	5	7	9	
生活质量										基础设施
生活质量										科技文化
基础设施										科技文化

附表 2-11 “空间城市化”的相对重要性

影响因素	说明
空间规模	建成区面积、城市建设用地面积
空间密度	城市建设用地占市区面积比重、市辖区人口密度

附表 2-12 各组比较要素对于“空间城市化”的相对重要性

A	评价尺度									B
	9	7	5	3	1	3	5	7	9	
空间规模										空间密度

- 第 4 层要素（附表 2-13 ～附表 2-36）

附表 2-13 “人口规模”的相对重要性

影响因素	说明
非农人口	无
年末总人口	无

附表 2-14 各组比较要素对于“人口规模”的相对重要性

A	评价尺度									B
	9	7	5	3	1	3	5	7	9	
非农人口										年末总人口

附表 2-15 “人口结构”的相对重要性

影响因素	说明
非农人口比重	无
第三产业从业人口比重	无

附表 2-16　各组比较要素对于“人口结构”的相对重要性

A	评价尺度									B
	9	7	5	3	1	3	5	7	9	
非农人口比重										第三产业从业人口比重

附表 2-17　“人口变动”的相对重要性

影响因素	说明
人口增长率	无
非农人口比重增长率	无

附表 2-18　各组比较要素对于“人口变动”的相对重要性

A	评价尺度									B
	9	7	5	3	1	3	5	7	9	
人口增长率										非农人口比重增长率

附表 2-19　“经济规模”的相对重要性

影响因素	说明
GDP	无
工业产值	无
第三产业产值	无

附表 2-20　各组比较要素对于“经济规模”的相对重要性

A	评价尺度									B
	9	7	5	3	1	3	5	7	9	
GDP										工业产值
GDP										第三产业产值
工业产值										第三产业产值

附表 2-21　“经济结构”的相对重要性

影响因素	说明
工业产值占 GDP 的比重	无
第三产业产值占 GDP 的比重	无

附表 2-22　各组比较要素对于“经济结构”的相对重要性

A	评价尺度									B
	9	7	5	3	1	3	5	7	9	
工业产值占 GDP 的比重										第三产业产值占 GDP 的比重

附表 2-23　“经济增长”的相对重要性

影响因素	说明
GDP 增长率	无
工业产值增长率	无
第三产业产值增长率	无

附表 2-24　各组比较要素对于“经济增长”的相对重要性

A	评价尺度									B
	9	7	5	3	1	3	5	7	9	
GDP 增长率										工业产值增长率
GDP 增长率										第三产业产值增长率
工业产值增长率										第三产业产值增长率

附表 2-25　“经济效益”的相对重要性

影响因素	说明
人均 GDP	无
人均工业产值	无
人均第三产业产值	无

附表 2-26　各组比较要素对于“经济效益”的相对重要性

A	评价尺度									B
	9	7	5	3	1	3	5	7	9	
人均 GDP										人均工业产值
人均 GDP										人均第三产业产值
人均工业产值										人均第三产业产值

附表 2-27 “生活质量”的相对重要性

影响因素	说明
城镇居民可支配收入	无
城镇居民可消费支出	无

附表 2-28 各组比较要素对于“生活质量”的相对重要性

A	评价尺度									B
	9	7	5	3	1	3	5	7	9	
城镇居民可支配收入										城镇居民可消费支出

附表 2-29 “基础设施”的相对重要性

影响因素	说明
人均城市道路面积	无
万人拥有医生数	无
万人拥有公交车辆数	无
城市用水普及率	无

附表 2-30 各组比较要素对于“基础设施”的相对重要性

A	评价尺度									B
	9	7	5	3	1	3	5	7	9	
人均城市道路面积										万人拥有医生数
人均城市道路面积										万人拥有公交车辆数
人均城市道路面积										城市用水普及率
万人拥有医生数										万人拥有公交车辆数
万人拥有医生数										城市用水普及率
万人拥有公交车辆数										城市用水普及率

附表 2-31 “科技文化”的相对重要性

影响因素	说明
科教经费投入比例	无
万人拥有大学生数	无
每百人公共图书馆藏书量	无

附表 2-32 各组比较要素对于“科技文化”的相对重要性

A	评价尺度									B
	9	7	5	3	1	3	5	7	9	
科教经费投入比例										万人拥有大学生数
科教经费投入比例										每百人公共图书馆藏书量
万人拥有大学生数										每百人公共图书馆藏书量

附表 2-33 “空间规模”的相对重要性

影响因素	说明
建成区面积	无
城市建设用地面积	无

附表 2-34 各组比较要素对于“空间规模”的相对重要性

A	评价尺度									B
	9	7	5	3	1	3	5	7	9	
建成区面积										城市建设用地面积

附表 2-35 “空间密度”的相对重要性

影响因素	说明
城市建设用地占市区面积比重	无
市辖区人口密度	无

附表 2-36 各组比较要素对于“空间密度”的相对重要性

A	评价尺度									B
	9	7	5	3	1	3	5	7	9	
城市建设用地占市区面积比重										市辖区人口密度

问卷结束，谢谢您的合作！

水资源可持续利用潜力指数调查问卷

敬启者：

您好！

本人在综合文献分析和调查问卷提出了以下可用于评估水资源可持续利用潜力的指标，目的是研究水资源的可持续利用能力，最终目标是研究城镇化系统与水资源系统的耦合关系。

鉴于此，借鉴有关学者对于水资源可持续利用潜力的研究成果，遵循科学性、可获得性、区域性、动态性等原则，罗列与之有关的水资源可持续利用指标，并考虑到指标之间的信息重叠问题，采用主成分分析对一般的评价指标体系进行"筛选"，力求将信息涵盖面较广，指标之间相关系数和信息重叠较小的综合指标选进指标体系。最后，通过理论分析法和专家咨询法得到相应的指标体系。

水资源环境作为社会发展的支撑，是城镇化和经济发展的重要内生变量和外营力。水资源环境系统以人类为中心，无时无刻不在承受着人类活动的影响，根据DPSR反馈指标体系，水资源的可持续利用潜力包括了水资源自身的本底压力、水资源环境压力和水资源环境治理压力。其中，水资源本底压力包括人均资源和资源丰度；水资源环境压力包括环境负荷和资源利用；水资源环境的治理压力包括环境治理和资源利用效益。

因此，确定了水资源本底压力、水资源环境压力和水资源环境治理压力三个方面（标准层），将水资源可持续利用潜力予以内涵扩充和特征综合，从资源丰度、资源利用和环境治理等6个状态构成准则层，相应于准则层的详细指标构成最终的指标层（附图2-2）。为了考察这些指标对水资源可持续利用潜力的影响和贡献，根据层次分析法，特做以下问卷调查。

本调查是学术研究的一部分，您的意见仅做综合分析之用，不单独对外发表。

感谢您的大力支持！

厦门市大学/厦门市理工学院王吉苹

2018-12-21

Email：wjprose@xmu.edu.cn，wangjp@xmut.edu.cn

一、问题描述

此调查问卷以水资源可持续利用潜力为调查目标，对其多种影响因素使用层次分析法进行分析。层次模型如附图 2-2 所示。

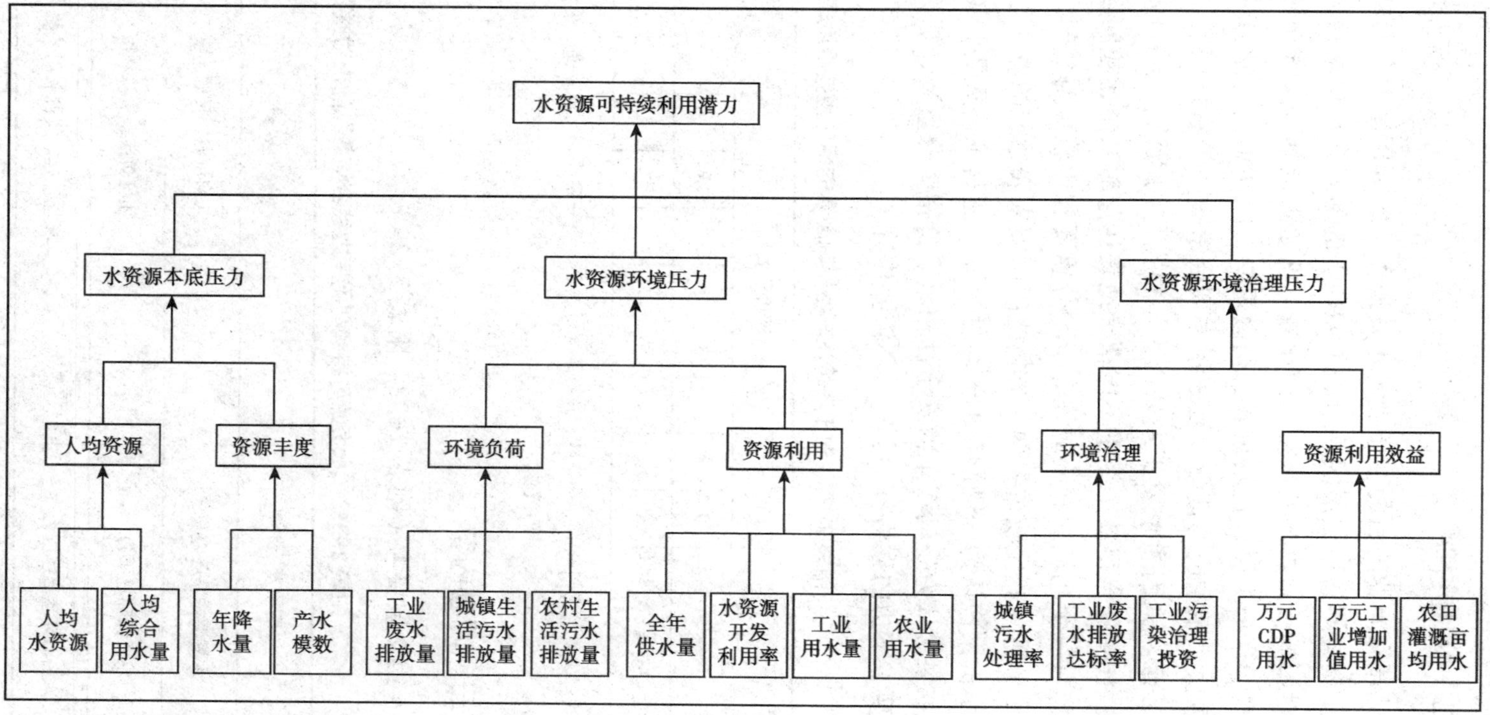

附图 2-2　水资源可持续利用潜力层次指标体系

二、问卷说明

此调查问卷的目的在于确定水资源可持续利用潜力各影响因素之间相对权重。调查问卷根据层次分析法（AHP）的形式设计。这种方法是在同一个层次对影响因素重要性进行两两比较。衡量尺度划分为5个等级，分别是绝对重要、十分重要、比较重要、稍微重要、同样重要，分别对应9，7，5，3，1的数值。靠左边的衡量尺度表示左列因素重要于右列因素，靠右边的衡量尺度表示右列因素重要于左列因素。根据您的看法，在对应方格中打“√”即可。如果您觉得5个级别不能精确地表达您对某个比较问题的看法，如您认为您对一个比较的看法应该介于十分重要和比较重要之间，那么您可以通过在十分重要和比较重要两个方格之间画圈来表达您的看法。

示例：您认为一辆汽车的安全性重要，还是价格重要？（附表2-37）

如果您认为一辆汽车的安全性相对于价格十分重要，那么请在左侧（十分重要）下边的方格打“√”。（不需要作答）

附表2-37 对于评价汽车各影响因素的相对重要程度表

A	评价尺度									B
	9	7	5	3	1	3	5	7	9	
安全性										价格

注：衡量尺度划分为5个等级，分别是绝对重要、十分重要、比较重要、稍微重要、同样重要，分别对应9，7，5，3，1的数值。

三、问卷内容

- 第2层要素（附表2-38、附表2-39）

附表2-38 “水资源可持续利用潜力综合指数”的相对重要性

影响因素	说明
水资源本底压力	人均资源、资源丰度
水资源环境压力	环境负荷、资源利用
水资源环境治理压力	环境治理、资源利用效益

附表 2-39　各组比较要素对于“水资源可持续利用潜力综合指数”的相对重要性

A	评价尺度									B
	9	7	5	3	1	3	5	7	9	
水资源本底压力										水资源环境压力
水资源本底压力										水资源环境治理压力
水资源环境压力										水资源环境治理压力

- 第 3 层要素（附表 2-40 ～附表 2-45）

附表 2-40　“水资源本底压力”的相对重要性

影响因素	说明
人均资源	人均水资源、人均综合用水量
资源丰度	年降水量、产水模数

附表 2-41　各组比较要素对于“水资源压力条件”的相对重要性

A	评价尺度									B
	9	7	5	3	1	3	5	7	9	
人均资源										资源丰度

附表 2-42　“水资源环境现状压力”的相对重要性

影响因素	说明
环境负荷	工业废水排放量、城镇生活污水排放量、农村生活污水排放量
资源利用	全年供水量、水资源开发利用率、工业用水量、农业用水量

附表 2-43　各组比较要素对于“水资源环境现状压力”的相对重要性

A	评价尺度									B
	9	7	5	3	1	3	5	7	9	
环境负荷										资源利用

附表 2-44　“水资源环境治理压力”的相对重要性

影响因素	说明
环境治理	城镇污水处理率、工业废水排放达标率、工业污染治理投资
资源利用效益	万元 GDP 用水、万元工业增加值用水、农田灌溉亩均用水

附表 2-45 各组比较要素对于“水资源环境治理压力”的相对重要性

A	评价尺度									B
	9	7	5	3	1	3	5	7	9	
环境治理										资源利用效益

- 第 4 层要素（附表 2-46 ～附表 2-57）

附表 2-46 “人均资源”的相对重要性

影响因素	说明
人均水资源	无
人均综合用水量	无

附表 2-47 各组比较要素对于“人均资源”的相对重要性

A	评价尺度									B
	9	7	5	3	1	3	5	7	9	
人均水资源										人均综合用水量

附表 2-48 “资源丰度”的相对重要性

影响因素	说明
年降水量	无
产水模数	无

附表 2-49 各组比较要素对于“资源丰度”的相对重要性

A	评价尺度									B
	9	7	5	3	1	3	5	7	9	
年降水量										产水模数

附表 2-50 “环境负荷”的相对重要性

影响因素	说明
工业废水排放量	无
城镇生活污水排放量	无
农村生活污水排放量	五

附表 2-51　各组比较要素对于“环境负荷”的相对重要性

A	评价尺度									B
	9	7	5	3	1	3	5	7	9	
工业废水排放量										城镇生活污水排放量
工业废水排放量										农村生活污水排放量
城镇生活污水排放量										农村生活污水排放量

附表 2-52　“资源利用”的相对重要性

影响因素	说明
全年供水量	无
水资源开发利用率	无
工业用水量	无
农业灌溉用水量	无

附表 2-53　各组比较要素对于“资源利用”的相对重要性

A	评价尺度									B
	9	7	5	3	1	3	5	7	9	
全年供水量										水资源开发利用率
全年供水量										工业用水量
全年供水量										农业用水量
水资源开发利用率										工业用水量
水资源开发利用率										农业用水量
工业用水量										农业用水量

附表 2-54　“环境治理”的相对重要性

影响因素	说明
城镇污水处理率	无
工业废水排放达标率	无
工业污染治理投资	无

附表 2-55 各组比较要素对于“环境治理”的相对重要性

A	评价尺度									B
	9	7	5	3	1	3	5	7	9	
城镇污水处理率										工业废水排放达标率
城镇污水处理率										工业污染治理投资
工业废水排放达标率										工业污染治理投资

附表 2-56 “资源利用效益”的相对重要性

影响因素	说明
万元 GDP 用水	无
万元工业增加值用水	无
农田灌溉亩均用水	无

附表 2-57 各组比较要素对于“资源利用效益”的相对重要性

A	评价尺度									B
	9	7	5	3	1	3	5	7	9	
万元 GDP 用水										万元工业增加值用水
万元 GDP 用水										农田灌溉亩均用水
万元工业增加值用水										农田灌溉亩均用水

问卷结束，谢谢您的合作！